广西林下草本药用植物图鉴

周启华　邓荣艳　邓善宝 ▣ 主编

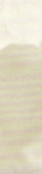

中国林业出版社
CFPH China Forestry Publishing House

图书在版编目(CIP)数据

广西林下草本药用植物图鉴 / 周启华, 邓荣艳, 邓善宝主编.
-- 北京 : 中国林业出版社, 2024. 8.
ISBN 978-7-5219-2811-2
Ⅰ. Q949.95-64

中国国家版本馆CIP数据核字第20249HS664号

责任编辑：张 健 于界芬

出版发行：中国林业出版社
（100009，北京市西城区刘海胡同7号，电话010-83143542）
电子邮箱：cfphzbs@163.com
网址：www.cfph.net
印刷：北京博海升彩色印刷有限公司
版次：2024年8月第1版
印次：2024年8月第1次印刷
开本：787mm×1092mm 1 / 16
印张：14.25
字数：300千字
定价：148.00元

《广西林下草本药用植物图鉴》

编委会

前言

药用植物是指医学上用于防病、治病的植物，其植株的全部或一部分供药用或作为制药工业的原料。我国是药用植物资源最丰富的国家之一，对药用植物的发现、使用和栽培有着悠久的历史。

广西壮族自治区（以下简称“广西”“桂”）地处我国南方，南邻热带海洋，北接南岭山地，西延云贵高原，被北回归线横贯中部，跨中亚热带、南亚热带和北热带 3 个气候带，地形地貌复杂，水热条件优越，具有丰富的药用植物资源，被誉为“天然药库”“中药材之乡”。

目前，广西虽然有部分药用植物种类得以一定程度的开发利用，但总体上应用的种类仍不多，许多野生种类还不为人们所了解，尚未得到深入研究及有效开发利用。为加深研究，增强药用植物资源保护意识，促进药用植物的推广种植和开发应用，编者在大量野外调查及多年项目研究的基础上，着眼于林下草本药用植物，编写成本书。

本书收载广西境内主要林下草本药用植物 79 科 175 属 206 种，其中蕨类植物 16 科 20 属 24 种，种子植物 63 科 155 属 182 种（全部为被子植物，其中双子叶植物 49 科 114 属 134 种，单子叶植物 14 科 41 属 48 种）。每种植物选配 3~5 幅照片，全书总计 745 幅照片。

书中简明扼要地介绍了每种林下草本药用植物的名称（中文名、学名和部分种的中文别名）、科属、识别特征、花果期、分布、繁殖方法、入药部位和功效。中文名、学名、中文别名、科属、广西区内分布主要参考《广西植物名录》；识别特征、花果期、国内分布主要参考《中国植物志》和《中国高等植物》；广西区内分布以“广西各地”“桂东”“桂西”“桂北”“桂南”“桂中”等表示，其中桂北包括桂林市及周边市的部分地区，桂中包括柳州市、来宾市大部分地区，桂东包括梧州市、贺州市、玉林市和贵港市，桂南包括南宁市、崇左市、北海市、钦州市、防城港市，桂西包括百色市和河池市；入药部位和功效主要参考《中国中草药图典》《中国壮药图鉴》和《桂本草》等。

书中各科的排列，蕨类植物按秦仁昌系统（1978 年）编排，被子植物按哈钦松系统（1926 年、1934 年）编排；属、种则按学名字母顺序排列。

本书的出版得到了广西壮族自治区科学技术厅广西重点研发计划项目“广西林下经济特色种质资源收集保存与生态高效栽培及利用研究”（项目编号：桂科 AB21238014）、广西壮族自治区林业局广西林业科技项目“广西第一次全国林草种质资源普查与收集”（项目编号：GXFS-2021-34）的支持，得到了广西大学林学院学生莫锦坤、颜枫欣、韦芳娜、陆思妤、甘立锋、周美怡等在图片筛选、文字录入及整理方面的帮助，还得到了诸多单位及人员的协助，在此一并致以谢意。

由于编者水平有限，书中遗漏或错误之处在所难免，敬请读者批评指正。

编者

2024 年 7 月

目录

前　言

I 蕨类植物门 PTERIDOPHYTA

II 种子植物门 SPERMATOPHYTA

被子植物亚门 ANGIOSPERMAE

双子叶植物纲 DICOTYLEDONEAE

单子叶植物纲 MONOCOTYLEDONEAE

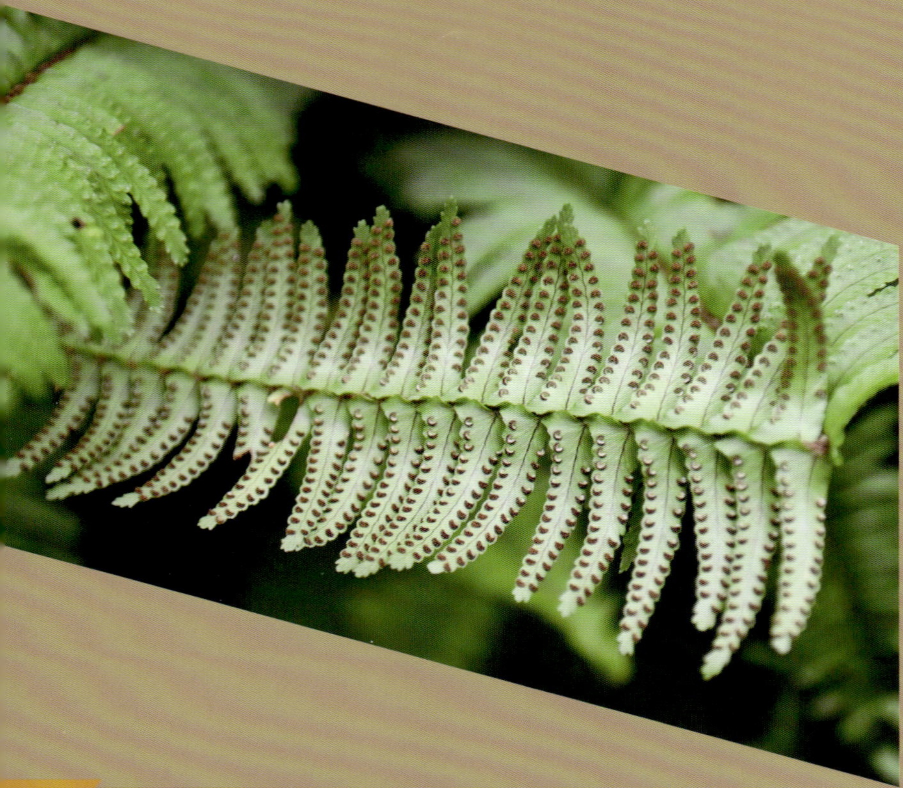

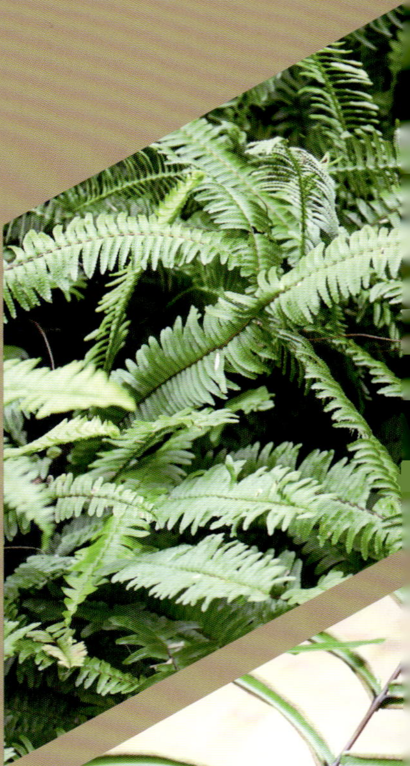

广西林下

草本药用植物图鉴

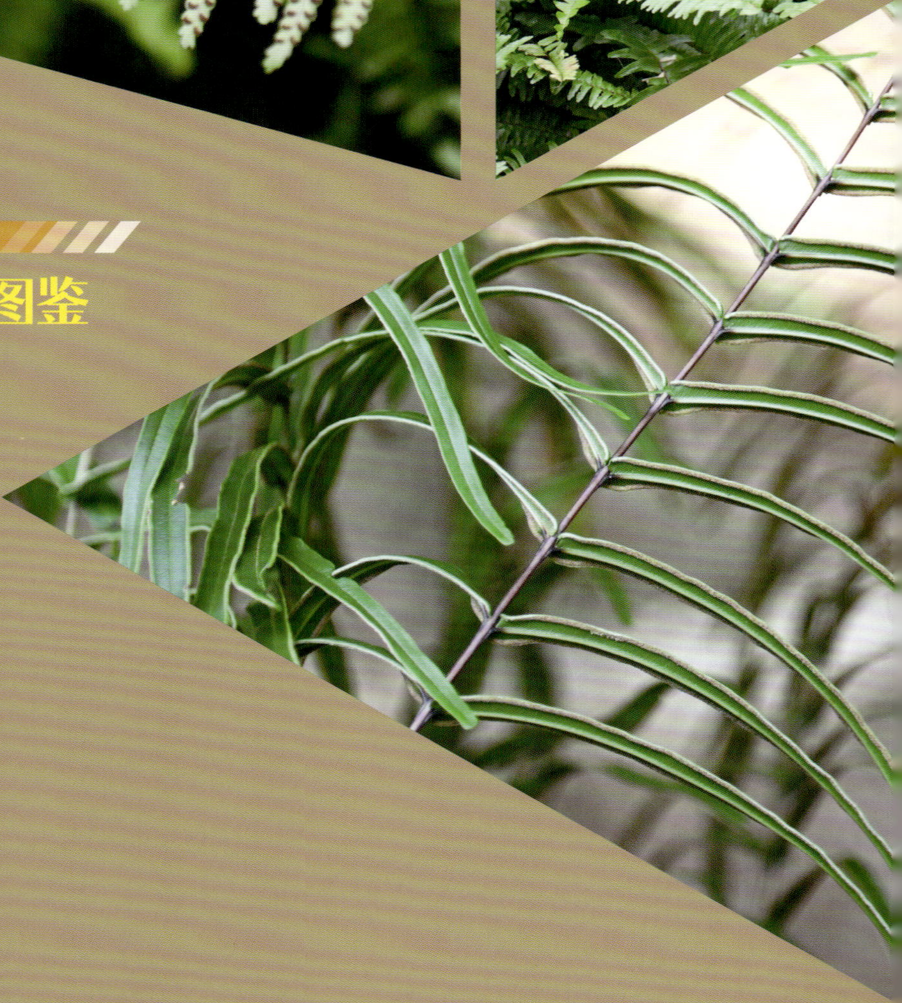

I

蕨类植物门
PTERIDOPHYTA

藤石松

石松科Lycopodiaceae　　藤石松属*Lycopodiastrum*

Lycopodiastrum casuarinoides (Spring) Holub

别名：吊壁伸筋

识别特征　土生蕨类。地上茎藤状，圆柱形，具疏叶；叶螺旋状排列，贴生，卵状披针形至钻形，长1.5~3mm，宽约0.5mm，基部突出，无柄。不育枝黄绿色，圆柱状，枝连叶宽约4mm，多回不等位二叉分枝；叶螺旋状排列，钻状，上弯，长2~3mm，宽约0.5mm，基部下延，无柄，先端具长芒。能育枝红棕色，小枝扁平，多回二叉分枝；叶螺旋状排列，鳞片状，长约0.8mm，宽约0.3mm，基部下延，无柄，先端具芒。孢子囊穗每6~26个一组生于多回二叉分枝的孢子枝顶端，排列成圆锥形，红棕色；孢子叶阔卵形；孢子囊生于孢子叶腋，圆肾形，黄色。

分　　布　广西各地。重庆、福建、广东、贵州、湖北、湖南、江西、四川、台湾、西藏、云南、浙江也有分布。

繁殖方法　孢子繁殖、分株繁殖。

入药部位　全草。

功　　效　祛风除湿，舒筋活血，明目解毒。

垂穗石松

石松科Lycopodiaceae　　垂穗石松属*Palhinhaea*

Palhinhaea cernua (L.) Franco et Vasc.

识别特征　土生蕨类。主茎直立，圆柱形，多回不等位二叉分枝；主茎上的叶螺旋状排列，钻形至线形，长约4mm，宽约0.3mm，基部圆形，先端渐尖，边缘全缘。侧枝上斜，多回不等位二叉分枝；侧枝及小枝上的叶螺旋状排列，钻形至线形，长3~5mm，宽约0.4mm，基部下延，先端渐尖，边缘全缘，表面有纵沟。孢子囊穗单生于小枝顶端，短圆柱形，成熟时通常下垂，淡黄色；孢子囊生于孢子叶腋，圆肾形，黄色。

分　　布　广西各地。浙江、台湾、福建、江西、湖南、广东、香港、海南、重庆、贵州、四川、云南也有分布。

繁殖方法　孢子繁殖、分株繁殖。

入药部位　全草。

功　　效　祛风除湿，舒筋活血。

深绿卷柏

卷柏科Selaginellaceae　　卷柏属*Selaginella*

Selaginella doederleinii Hieron.

识别特征　土生蕨类。茎卵圆形或近方形；侧枝3~6对，二至三回羽状分枝。叶全部交互排列，二型。主茎上的腋叶卵状三角形，基部钝，分枝上的腋叶狭卵圆形到三角形，1.8~3mm×0.9~1.4mm，边缘有细齿。中叶边缘有细齿，先端具芒或尖头，基部钝，分枝上的中叶长圆状卵形或卵状椭圆形或窄卵形，1.1~2.7mm×0.4~1.4mm，先端具尖头或芒，基部楔形或斜近心形，边缘具细齿。分枝上的侧叶长圆状镰形，2.3~4.4mm×1~1.8mm，先端平或近尖或具短尖头，具细齿。孢子叶穗四棱柱形，单个或成对生于小枝末端；孢子叶卵状三角形。

分　　布　广西各地。安徽、重庆、福建、广东、贵州、湖南、海南、江西、四川、台湾、香港、云南、浙江也有分布。

繁殖方法　孢子繁殖、分株繁殖。

入药部位　全草。

功　　效　清热解毒，祛风除湿。

翠云草

卷柏科Selaginellaceae　　卷柏属*Selaginella*

Selaginella uncinata (Desv.) Spring

识别特征　土生蕨类。主茎先直立而后攀缘状，自近基部羽状分枝，禾秆色，先端鞭形，侧枝5~8对，二回羽状分枝。叶全部交互排列，二型，具虹彩，边缘全缘，明显具白边；主茎上的叶二型，绿色。主茎上的腋叶肾形，长3mm，分枝上的腋叶对称，宽椭圆形或心形，长2.2~2.8mm，边缘全缘，基部近心形；中叶不对称，侧枝上的叶卵圆形，长1~2.4mm，基部钝，边缘全缘；侧叶不对称，分枝上的长圆形，长2.2~3.2mm，先端急尖或具短尖头，边缘全缘。孢子叶穗四棱柱形，单生于小枝末端。

分　　布　广西各地。安徽、重庆、福建、广东、贵州、湖北、湖南、江西、陕西、四川、香港、云南、浙江也有分布。

繁殖方法　孢子繁殖、扦插繁殖。

入药部位　全草。

功　　效　清热利湿，解毒，止血。

瓶尔小草

瓶尔小草科Ophioglossaceae 瓶尔小草属*Ophioglossum*

Ophioglossum vulgatum L.

别名：一支枪

识别特征 土生蕨类。根状茎短而直立，具一簇肉质粗根，横走。叶常单生，总叶柄长6~9cm，深埋土中，下半部灰白色。营养叶卵状长圆形或狭卵形，长4~6cm，宽1.5~2.4cm，先端钝圆或急尖，基部急剧变狭并稍下延，全缘，网状脉明显。孢子叶自营养叶基部生出，孢子囊穗先端尖，远超出于营养叶之上。

分　　布 广西各地。安徽、福建、广东、贵州、河南、湖北、湖南、江西、陕西、四川、台湾、西藏、云南、浙江也有分布。

繁殖方法 孢子繁殖、分株繁殖、扦插繁殖。

入药部位 全草。

功　　效 清热凉血，镇痛，解毒。

福建观音座莲

观音座莲科Angiopteridaceae　　观音座莲属*Angiopteris*

Angiopteris fokiensis Hieron.

识别特征　土生蕨类。根状茎块状，簇生圆柱状粗根。叶柄长约50cm；叶片宽卵形，长与宽各60cm以上；羽片5~7对，互生，长50~60cm，宽14~18cm，狭长圆形，基部不变狭，奇数羽状；小羽片35~40对，对生或互生，平展，具短柄，披针形，渐尖头，基部近截形或几圆形，下部小羽片较短，顶生小羽片分离，有柄，和下面的同形，叶缘全部具有规则的浅三角形锯齿；叶轴干后淡褐色，腹部具纵沟，羽轴向顶端具狭翅。孢子囊群棕色，长圆形，长约1mm，由8~10个孢子囊组成。

分　　布　广西各地。福建、湖北、贵州、广东、香港也有分布。

繁殖方法　孢子繁殖、分株繁殖。

入药部位　根茎。

功　　效　镇痛安神，清热凉血，祛瘀止血。

华南紫萁

紫萁科Osmundaceae　紫萁属*Osmunda*

Osmunda vachellii Hook.

识别特征　土生蕨类。根状茎直立，成圆柱状主轴。叶簇生于顶部；叶柄长20~40cm，棕禾秆色；叶片长圆形，长40~90cm，宽20~30cm，披针形或线状披针形，长渐尖头，基部狭楔形，顶生小羽片有柄，边缘全缘，或向顶端略为浅波状；叶脉二回分歧，小脉平行。下部数对（多达8对，通常3~4对）羽片能育，生孢子囊，羽片紧缩为线形，中脉两侧密生圆形孢子囊穗，深棕色。

分　　布　桂东、桂南、桂北、桂中。香港、海南、广东、福建、贵州、云南也有分布。

繁殖方法　孢子繁殖、分株繁殖。

入药部位　根茎、叶柄的髓部。

功　　效　清热解毒，祛湿舒筋，驱虫。

芒萁

里白科Gleicheniaceae　　芒萁属*Dicranopteris*

Dicranopteris pedate (Houtt.) Nakaike

识别特征　土生蕨类。根状茎横走，密被暗锈色长毛。叶柄棕禾秆色；叶轴一至二回或三回二叉分枝；腋芽卵形，密被锈黄色毛；各回分叉处两侧均各有一对托叶状的羽片，宽披针形，等大或不等；末回羽片披针形或宽披针形，篦齿状深裂几达羽轴；裂片35~50对，线状披针形，长1.5~2.9cm，宽3~4mm，先端钝，常微凹，羽片基部上侧的数对极短，各裂片基部汇合，有尖狭缺刻，全缘，具软骨质狭边。叶上面黄绿色或绿色，沿羽轴被锈色毛，下面灰白色。孢子囊群圆形，一列，着生于基部上侧或上下两侧小脉弯弓处。

分　　布　广西各地。江苏、浙江、江西、安徽、湖北、湖南、贵州、四川、西藏、福建、台湾、广东、香港、云南也有分布。

繁殖方法　孢子繁殖、分株繁殖。

入药部位　全草、根茎。

功　　效　清热利尿，化瘀，止血。

海金沙

海金沙科Lygodiaceae　　海金沙属*Lygodium*

Lygodium japonicum (Thunb.) Sw.

识别特征　土生攀缘植物。叶轴具窄边，羽片多数，对生于叶轴短距两侧，顶端有一丛黄色柔毛。不育羽片尖三角形，长宽10~12cm，两侧有狭边，二回羽状；一回羽片2~4对，柄和小羽轴均有狭翅及短毛，一回羽状；二回小羽片2~3对，卵状三角形，掌状3裂；末回裂片短阔，基部楔形或心形，顶端的二回羽片波状浅裂；向上的一回小羽片近掌状分裂或不裂，边缘有不规则浅圆锯齿。能育羽片卵状三角形，长宽12~20cm，二回羽状；一回小羽片4~5对，长圆状披针形，一回羽状；二回小羽片3~4对，卵状三角形，羽状深裂。孢子囊穗暗褐色。

分　　布　广西各地。江苏、浙江、安徽、福建、台湾、广东、香港、湖南、贵州、四川、云南、陕西也有分布。

繁殖方法　孢子繁殖、分株繁殖。

入药部位　孢子。

功　　效　清热利湿，通淋止痛。

小叶海金沙

海金沙科Lygodiaceae　　海金沙属*Lygodium*

Lygodium microphyllum (Cav.) R. Br.

识别特征　土生攀缘植物。叶轴纤细，二回羽状；羽片多数，对生于叶轴的距上，顶端密生红棕色毛。不育羽片生于叶轴下部，长圆形，长7~8cm，宽4~7cm，奇数羽状，或顶生小羽片有时两叉，小羽片4对，卵状三角形、阔披针形或长圆形，先端钝，基部心形、近平截或圆形，边缘有钝齿或不明显。能育羽片长圆形，长8~10cm，宽4~6cm，常奇数羽状，小羽片9~11片，三角形或卵状三角形，先端钝。孢子囊穗排列于叶缘，5~8对，线形，黄褐色。

分　　布　广西各地。福建、台湾、广东、香港、海南、云南也有分布。

繁殖方法　孢子繁殖。

入药部位　全草及孢子。

功　　效　止血，舒筋活络，清热利湿。

金毛狗脊

蚌壳蕨科Dicksoniaceae　　金毛狗属*Cibotium*

Cibotium barometz (L.) J. Sm.

别名：金毛狗

识别特征　土生蕨类。根状茎卧生，粗大，顶端生出一丛大叶。叶柄棕褐色，基部被垫状金黄色茸毛，有光泽；叶片大，长达180cm，长宽约相等，广卵状三角形，三回羽状分裂；下部羽片长圆形；一回小羽片互生，线状披针形，先端长渐尖，基部圆截形，羽状深裂；末回裂片线形，先端尖头，边缘有浅锯齿；叶干后上面褐色，下面灰白色或灰蓝色。孢子囊群在每末回裂片1~5对，生于下部的小脉顶端；囊群盖棕褐色，横长圆形，两瓣状，成熟时张开如蚌壳。

分　　布　广西各地。云南、贵州、四川、广东、福建、台湾、海南、浙江、江西、湖南也有分布。

繁殖方法　孢子繁殖、分株繁殖。

入药部位　根茎。

功　　效　强腰膝，祛风湿，补肝肾，止血。

华南鳞盖蕨

碗蕨科Dennstaedtiaceae　　鳞盖蕨属*Microlepia*

Microlepia hancei Prantl

识别特征　土生蕨类。根状茎横走，密被灰棕色透明节状长茸毛。叶柄棕禾秆色或棕黄色；叶片长50~60cm，中部宽25~30cm，先端渐尖，卵状长圆形，三回羽状深裂；羽片10~16对，两侧有狭翅，基部一对长三角形，中部阔披针形，二回羽状深裂，一回小羽片14~18对，阔披针形，基部较阔，向上渐短，羽状深裂几达小羽轴；小裂片5~7对，先端钝圆，基部下延，有狭细缺刻，边缘有钝圆锯齿。孢子囊群圆形，生小裂片基部上侧近缺刻处；囊群盖近肾形，灰棕色。

分　　布　桂东、桂西、桂南、桂北。福建、台湾、广东、香港、海南也有分布。

繁殖方法　孢子繁殖、组织培养。

入药部位　全草。

功　　效　清热利湿。

团叶鳞始蕨

鳞始蕨科Lindsaeaceae　　鳞始蕨属*Lindsaea*

Lindsaea orbiculata (Lam.) Mett.

识别特征　土生蕨类。根状茎短而横走，先端密被红棕色狭小鳞片。叶柄栗色，上面有沟；叶片线状披针形，长15~20cm，宽1.8~2cm，一回羽状，下部往往二回羽状；羽片20~28对，下部各对羽片对生，中上部的互生，有短柄；对开式，近圆形或肾圆形，长9mm，宽约6mm，基部广楔形，先端圆，着生孢子囊群的边缘有不整齐齿牙，不育羽片有尖齿牙；二回羽状植株基部的一对或数对羽片伸出成线形，一回羽状，小羽片与上部各羽片相似而较小；叶干后叶轴禾秆色至棕栗色，四棱。孢子囊群连续成长线形；囊群盖线形，棕色，有细齿牙。

分　　布　广西各地。台湾、福建、广东、海南、贵州、四川、云南也有分布。

繁殖方法　孢子繁殖。

入药部位　全草。

功　　效　清热解毒，止血。

乌蕨

鳞始蕨科Lindsaeaceae　乌蕨属*Sphenomeris*

Sphenomeris chinensis (L.) Maxon

识别特征　土生蕨类。根状茎短而横走，密被赤褐色钻状鳞片。叶柄禾秆色至褐禾秆色，上面有沟；叶片披针形，长20~40cm，宽5~12cm，先端渐尖，四回羽状；羽片15~20对，下部的卵状披针形，先端渐尖，基部楔形，三回羽状；一回小羽片10~15对，近菱形，先端钝，基部不对称，一回羽状或基部二回羽状；二回（或末回）小羽片倒披针形，先端截形，有齿牙，基部楔形，下部小羽片常再分裂成短而同形的裂片。孢子囊群边缘着生，每裂片上1枚或2枚，顶生1~2条细脉上；囊群盖灰棕色，半杯形，宽，与叶缘等长。

分　　布　广西各地。浙江、福建、台湾、安徽、江西、广东、海南、香港、湖南、湖北、四川、贵州、云南也有分布。

繁殖方法　孢子繁殖、分株繁殖。

入药部位　全草。

功　　效　清热解毒，利湿，止血。

蕨

蕨科Pteridiaceae　　蕨属*Pteridium*

Pteridium aquilinum (L.) Kuhn var. *latiusculum* (Desv.) Underw. ex A. Heller

识别特征　土生蕨类。根状茎长而横走，密被锈黄色柔毛。叶柄褐棕色或棕禾秆色，上面有浅纵沟1条；叶片阔三角形或长圆三角形，长30~60cm，宽20~45cm，先端渐尖，基部圆楔形，三回羽状；羽片4~6对，基部一对最大，三角形，二回羽状；小羽片约10对，披针形，先端尾状渐尖，基部近平截，一回羽状；裂片10~15对，长圆形，钝头或近圆头，全缘；中部以上的羽片逐渐变为一回羽状，长圆状披针形，基部对称，先端尾状，部分小羽片下部具1~3对浅裂片或边缘具波状圆齿。孢子囊群沿叶边成线形分布；囊群盖双层，外层为假盖，内层为真盖。

分　　布　广西各地。全国各地均有分布。

繁殖方法　孢子繁殖。

入药部位　嫩苗、根状茎。

功　　效　清热利湿，平肝安神，解毒消肿。

井栏凤尾蕨

凤尾蕨科Pteridaceae　凤尾蕨属*Pteris*

Pteris multifida Poir.

别名：井栏边草

识别特征　石生或土生蕨类。根状茎短而直立，先端被黑褐色鳞片。叶明显二型；不育叶柄禾秆色或暗褐色而有禾秆色的边；叶片卵状长圆形，长20~40cm，宽15~20cm，一回羽状，羽片通常3对，线状披针形，先端渐尖，叶缘有不整齐的尖锯齿并有软骨质的边，下部1~2对常分叉，顶生三叉羽片及上部羽片的基部显著下延，在叶轴两侧形成狭翅；能育叶有羽片4~6对，狭线形，长10~15cm，宽4~7mm，仅不育部分具锯齿，下部2~3对羽片常2~3叉，上部几对的基部常下延，在叶轴两侧形成狭翅。孢子囊群线形，沿叶缘连续延伸；囊群盖线形，灰棕色或棕色。

分　　布　广西各地。河北、山东、河南、陕西、四川、贵州、广东、福建、台湾、浙江、江苏、安徽、江西、湖南、湖北也有分布。

繁殖方法　孢子繁殖、分株繁殖。

入药部位　全草。

功　　效　清热利湿，凉血止血，解毒消肿。

半边旗

凤尾蕨科Pteridaceae　　凤尾蕨属*Pteris*

Pteris semipinnata L.

识别特征　土生蕨类。根状茎长而横走，先端及叶柄基部被黑褐色鳞片。叶柄和叶轴均栗红色；叶片长圆状披针形，长15~60cm，宽6~18cm，二回半边深裂；顶生羽片阔披针形至长三角形，先端尾状，篦齿状，深羽裂几达叶轴，裂片6~12对，镰刀状阔披针形，基部下侧阔翅沿叶轴下延达下一对裂片；侧生羽片4~7对，半三角形，先端长尾尖，基部偏斜，上侧仅有一条阔翅，下侧篦齿状深羽裂几达羽轴，不育裂片有尖锯齿，能育裂片顶端有尖刺或2~3个尖锯齿。羽轴上面有纵沟，纵沟两旁有浅灰色狭翅状的边。孢子囊群线形；囊群盖线形，灰棕色或棕色。

分　　布　广西各地。台湾、福建、江西、广东、湖南、贵州、四川、云南也有分布。

繁殖方法　孢子繁殖。

入药部位　全草。

功　　效　清热利湿，解毒消肿，凉血止血。

蜈蚣草

风尾蕨科Pteridaceae　风尾蕨属*Pteris*

Pteris vittata L.

识别特征　石生蕨类。根状茎直立，密被蓬松黄褐色鳞片。叶柄深禾秆色至浅褐色，幼时密被与根状茎上同样的鳞片；叶片倒披针状长圆形，长20~90cm，宽5~25cm，一回羽状；顶生羽片与侧生羽片同形，侧生羽片多数，向下羽片逐渐缩短，基部羽片仅为耳形，中部羽片最长，狭线形，先端渐尖，基部扩大为浅心形，两侧稍呈耳形，上侧耳片较大，常覆盖叶轴，不育叶缘有微细而均匀的密锯齿。孢子囊群线形，着生羽片边缘的边脉；囊群盖线形，灰白色。

分　　布　广西各地。陕西、甘肃、河南、浙江、江西、安徽、湖北、湖南、四川、云南、贵州、西藏、广东、福建、台湾也有分布。

繁殖方法　孢子繁殖。

入药部位　全草、根状茎。

功　　效　祛风除湿，舒筋活络，解毒杀虫。

扇叶铁线蕨

铁线蕨科Adiantaceae　　铁线蕨属*Adiantum*

Adiantum flabellulatum L.

识别特征　土生蕨类。根状茎短而直立，密被棕色披针形鳞片。叶柄紫黑色，基部被和根状茎上同样的鳞片，上面有纵沟1条，沟内有棕色短硬毛；叶片扇形，长10~25cm，二至三回不对称二叉分枝，通常中央羽片较长；中央羽片线状披针形，奇数一回羽状；小羽片8~15对，中部以下的小羽片大小几相等，对开式半圆形（能育的），或斜方形（不育的），基部阔楔形或扇状楔形，能育部分具浅缺刻，不育部分具细锯齿。孢子囊群每羽片2~5枚，横生于裂片上缘和外缘；囊群盖半圆形或长圆形，褐黑色。

分　　布　广西各地。台湾、福建、江西、广东、海南、湖南、浙江、贵州、四川、云南也有分布。

繁殖方法　孢子繁殖、分株繁殖、组织培养。

入药部位　全草。

功　　效　清热利湿，解毒散结。

巢蕨

铁角蕨科Aspleniaceae　　巢蕨属*Neottopteris*

Neottopteris nidus (L.) J. Sm.

识别特征　附生蕨类。根状茎直立，深棕色，先端和叶柄基部密被线形深棕色鳞片。叶柄浅禾秆色，干后下面半圆形隆起，上面有阔纵沟，两侧无翅；叶片阔披针形，长90~120cm，先端渐尖，中部最宽处为8~15cm，向下逐渐变狭而长下延，叶缘全缘并有软骨质的狭边；主脉下面几全部隆起为半圆形，上面下部有阔纵沟，表面平滑，暗禾秆色。孢子囊群线形，生于小脉的上侧；囊群盖线形，浅棕色。

分　　布　桂东、桂西、桂南、桂中。台湾、广东、海南、贵州、云南、西藏也有分布。

繁殖方法　孢子繁殖、分株繁殖。

入药部位　全草。

功　　效　强壮筋骨，活血祛瘀。

乌毛蕨

乌毛蕨科Blechnaceae　乌毛蕨属*Blechnum*

Blechnum orientale L.

识别特征　土生蕨类。根状茎直立，黑褐色，先端及叶柄下部密被狭披针形深棕色或褐棕色鳞片。叶柄基部黑褐色，向上棕禾秆色或棕绿色；叶片卵状披针形，长达1m，宽20~60cm，一回羽状；羽片多数，二型，下部羽片不育，极度缩小为圆耳形，向上羽片伸长，能育，中上部羽片最长，线形或线状披针形，先端长渐尖或尾状渐尖，基部圆楔形，全缘或微波状，上部羽片逐渐缩短，基部与叶轴合生下延，顶生羽片与侧生羽片同形。孢子囊群线形，连续，紧靠主脉两侧，与主脉平行；囊群盖线形。

分　　布　广西各地。广东、海南、台湾、福建、西藏、四川、重庆、云南、贵州、湖南、江西、浙江也有分布。

繁殖方法　孢子繁殖、分株繁殖。

入药部位　根茎。

功　　效　清热解毒，活血止血，驱虫。

狗脊蕨

乌毛蕨科Blechnaceae　　狗脊蕨属*Woodwardia*

Woodwardia japonica (L. f.) Sm.

识别特征　土生蕨类。根状茎横卧，暗褐色，与叶柄基部密被全缘深棕色披针形或线状披针形鳞片。叶柄暗浅棕色，基部常宿存于根状茎上；叶片长卵形，长25~80cm，下部宽18~40cm，先端渐尖，二回羽裂；顶生羽片卵状披针形或长三角状披针形，侧生羽片4~16对，下部羽片较长，线状披针形，先端长渐尖，上侧常与叶轴平行，羽状半裂；裂片11~16对，基部一对缩小，向上数对裂片较大，椭圆形或卵形，边缘有细密锯齿。羽轴及主脉两侧各有1行狭长网眼，羽轴下面的下部密被棕色纤维状小鳞片。孢子囊群线形，着生主脉两侧狭长网眼，不连续，单行排列；囊群盖线形，棕褐色。

分　　布　广西各地。河南、江苏、安徽、浙江、台湾、福建、江西、湖北、湖南、广东、香港、贵州、四川、云南也有分布。

繁殖方法　孢子繁殖、分株繁殖。

入药部位　根茎。

功　　效　清热解毒，祛风湿，止血，杀虫。

肾蕨

肾蕨科Nephrolepidaceae　　肾蕨属*Nephrolepis*

Nephrolepis cordifolia (L.) C. Presl

识别特征　附生或土生蕨类。根状茎直立，被淡棕色长钻形鳞片，下部有向四方伸展匍匐茎；匍匐茎棕褐色，有褐棕色须根及近圆形密被鳞片的块茎。叶柄暗褐色，密被淡棕色线形鳞片，上面有纵沟；叶片线状披针形或狭披针形，长30~70cm，宽3~5cm，先端短尖，叶轴两侧被纤维状鳞片，一回羽状；羽片多数，45~120对，常密集而呈覆瓦状排列，披针形，中部的先端钝圆或急尖头，基部心形，通常不对称，叶缘有疏浅钝锯齿，向基部的羽片渐短，卵状三角形。孢子囊群成一行位于主脉两侧，肾形，生于小脉顶端；囊群盖肾形，褐棕色。

分　　布　广西各地。浙江、福建、台湾、湖南、广东、海南、贵州、云南、西藏也有分布。

繁殖方法　孢子繁殖、分株繁殖、块茎繁殖、匍匐茎繁殖。

入药部位　根茎、全草。

功　　效　清热止咳，利湿通淋，消肿解毒。

槲蕨

槲蕨科Drynariaceae　　槲蕨属*Drynaria*

Drynaria roosii Nakaike

识别特征　附生蕨类，通常附生岩石或树干上，螺旋状攀缘。根状茎密被鳞片。叶二型，基生不育叶圆形，长2~9cm，宽2~7cm，基部心形，浅裂至叶片宽度的1/3，边缘全缘，黄绿色或枯棕色；正常能育叶叶柄长4~13cm，具明显的狭翅；叶片长20~45cm，宽10~20cm，深羽裂，裂片7~13对，互生，披针形，边缘有不明显的疏钝齿，先端急尖或钝。孢子囊群圆形或椭圆形，在叶片下面全部分布，沿裂片中脉两侧各排列成2~4行。

分　　布　广西各地。江苏、安徽、江西、浙江、福建、台湾、海南、湖北、湖南、广东、四川、重庆、贵州、云南也有分布。

繁殖方法　孢子繁殖、分株繁殖。

入药部位　根状茎。

功　　效　补肾强骨，活血止痛。

广西林下
草本药用植物图鉴

II
种子植物门
SPERMATOPHYTA
被子植物亚门 ANGIOSPERMAE

无根藤

樟科Lauraceae　　无根藤属*Cassytha*

Cassytha filiformis L.

别名：无头藤

识别特征　寄生缠绕草本，借盘状吸根攀附于寄主植物上。茎线形，绿色或绿褐色。叶退化为微小的鳞片。穗状花序，密被锈色短柔毛；花小，白色；花被裂片6，排成二轮，外轮3枚小，圆形，内轮3枚较大，卵形；能育雄蕊9，退化雄蕊3；子房卵珠形，花柱短，柱头头状。浆果，卵球形，包藏于花后增大的肉质果托内，顶端有宿存花被片。

花果期　5~12月。

分　布　桂东、桂南。云南、贵州、广东、湖南、江西、浙江、福建、台湾也有分布。

繁殖方法　种子繁殖。

入药部位　全草。

功　效　清热利湿，凉血止血。

八角莲

小檗科Berberidaceae　　鬼臼属*Dysosma*

Dysosma versipellis (Hance) M. Cheng

识别特征　多年生草本。根状茎横生，多须根；茎直立，不分枝，淡绿色。茎生叶2枚，互生，盾状，近圆形，直径达30cm，4~9掌状浅裂，裂片阔三角形，卵形或卵状长圆形，先端锐尖，不分裂，背面被柔毛，边缘具细齿；下部叶柄长12~25cm，上部叶柄长1~3cm。花梗纤细、下弯、被柔毛；花深红色，5~8朵簇生于离叶基部不远处，下垂；萼片6，长圆状椭圆形；花瓣6，勺状倒卵形；雄蕊6；子房椭圆形，花柱短，柱头盾状。浆果，椭圆形，长约4cm，径约3.5cm。

花果期　花期3~6月，果期5~9月。

分　布　桂东、桂西、桂北、桂中。湖南、湖北、浙江、江西、安徽、广东、云南、贵州、四川、河南、陕西也有分布。

繁殖方法　种子繁殖、分株繁殖。

入药部位　根状茎。

功　效　化痰散结，祛瘀止痛，清热解毒。

粪箕笃

防己科Menispermaceae　千金藤属*Stephania*

Stephania longa Lour.

识别特征　草质藤本。除花序外全株无毛。枝纤细，有条纹。单叶互生，叶片三角状卵形，长3~9cm，宽2~6cm，先端钝，有小凸尖，基部近截平或微圆；掌状脉10~11条；叶柄长1~4.5cm，基部常扭曲。复伞形聚伞花序腋生；雄花萼片8，偶有6，排成2轮，楔形或倒卵形；花瓣4或有时3，绿黄色，通常近圆形；聚药雄蕊；雌花萼片和花瓣均4片，很少3片；柱头裂片平叉。核果，红色，长5~6mm。

花果期　花期春末夏初，果期秋季。

分　　布　广西各地。云南、广东、海南、福建、台湾也有分布。

繁殖方法　种子繁殖、扦插繁殖。

入药部位　全草。

功　　效　清热解毒，利湿消肿，祛风活络。

山蒟

胡椒科Piperaceae　　胡椒属*Piper*

Piper hancei Maxim.

识别特征　攀缘藤本。除花序轴和苞片柄外，余均无毛。茎、枝具细纵纹，节上生根。单叶互生，叶片卵状披针形或椭圆形，长6~12cm，宽2.5~4.5cm，先端短尖或渐尖，基部渐狭或楔形；叶脉5~7条，离基1~3cm从中脉发出；叶柄长5~12mm；叶鞘长约为叶柄之半。花单性，雌雄异株，聚集成与叶对生的穗状花序；雄花序总花梗与叶柄等长或略长，雄蕊2；雌花序于果期延长，子房近球形，离生，柱头4或3。浆果，球形，黄色，径2.5~3mm。

花 果 期　花期3~8月，果期8~9月。

分　　布　桂东、桂北。浙江、福建、江西、湖南、广东、贵州、云南也有分布。

繁殖方法　种子繁殖、扦插繁殖。

入药部位　茎、叶。

功　　效　行气止痛，祛风除湿，活血消肿。

假蒟

胡椒科Piperaceae　　胡椒属*Piper*

Piper sarmentosum Roxb.

识别特征　多年生、匍匐、逐节生根草本。单叶互生，有细腺点，下部的阔卵形或近圆形，长7~14cm，宽6~13cm，先端短尖，基部心形，背面沿脉上被极细的粉状短柔毛；叶脉7条；上部的叶小，卵形或卵状披针形，基部浅心形、圆、截平；叶柄长2~5cm，被极细的粉状短柔毛；叶鞘长约为叶柄之半。花单性，雌雄异株，聚集成与叶对生的穗状花序；雄花序总花梗被极细的粉状短柔毛，花序轴被毛，雄蕊2；雌花序于果期稍延长，总花梗与花序轴无毛，柱头4，稀3或5，被微柔毛。浆果，近球形，具4角棱，径2.5~3mm。

花果期　花期4~11月，果期7月至翌年2月。

分　布　广西各地。福建、广东、云南、贵州、西藏也有分布。

繁殖方法　种子繁殖、扦插繁殖、压条繁殖。

入药部位　全草。

功　效　祛风散寒，行气消肿，活络止痛。

蕺菜

三白草科Saururaceae　　蕺菜属*Houttuynia*

Houttuynia cordata Thunb.

别名：侧耳根、臭菜、鱼腥草

识别特征　多年生腥臭草本。茎下部伏地，节上轮生小根，上部直立。单叶互生，有腺点，卵形或阔卵形，长4~10cm，宽2.5~6cm，先端短渐尖，基部心形，背面常呈紫红色；叶脉5~7条；叶柄长1~3.5cm；托叶膜质，先端钝，下部与叶柄合生成鞘，具缘毛，基部扩大，略抱茎。穗状花序；总苞片长圆形或倒卵形，先端钝圆；雄蕊长于子房。蒴果，近球形，长2~3mm，顶端有宿存花柱。

花果期　花期4~9月，果期6~10月。

分　　布　广西各地。安徽、福建、甘肃、广东、贵州、海南、河南、湖北、湖南、江西、陕西、四川、台湾、西藏、云南、浙江也有分布。

繁殖方法　种子繁殖、分株繁殖、扦插繁殖、根茎繁殖。

入药部位　全草。

功　　效　清热解毒，消痈排脓，利尿通淋。

黄花草

白花菜科Capparidaceae　　黄花草属*Arivela*

Arivela viscosa (L.) Raf.

识别特征　一年生直立草本。全株密被黏质腺毛与淡黄色柔毛，有恶臭气味。掌状复叶，互生；小叶3~7，倒披针状椭圆形，中央小叶最大，长1~5cm，宽5~15mm，全缘但边缘有腺纤毛，侧脉3~7对；叶柄长1~6cm。花单生于茎上部叶腋，近顶端成总状或伞房状花序；萼片狭椭圆形或倒披针状椭圆形，背面及边缘有黏质腺毛；花瓣淡黄色或橘黄色，倒卵形或匙形；雄蕊10~30；子房圆柱形，1室，柱头头状。蒴果，直立，圆柱形，密被腺毛，先端渐狭成喙，长6~9cm。

花果期　几全年。

分　　布　桂东、桂西、桂南、桂北。安徽、浙江、江西、福建、台湾、湖南、广东、海南、云南也有分布。

繁殖方法　种子繁殖、分株繁殖。

入药部位　全草。

功　　效　散瘀消肿，祛风止痛，生肌疗疮。

荠

十字花科Cruciferae　　荠属*Capsella*

Capsella bursapastoris (L.) Medik.

别名：荠菜

识别特征　一或二年生草本。茎直立，单一或从下部分枝。基生叶丛生呈莲座状，大头羽状分裂，长可达12cm，宽可达2.5cm，顶裂片卵形至长圆形，侧裂片3~8对，长圆形至卵形，先端渐尖，浅裂或有不规则粗锯齿或近全缘，叶柄长5~40mm；茎生叶窄披针形或披针形，长5~6.5mm，宽2~15mm，基部箭形，抱茎，边缘有缺刻或锯齿。总状花序顶生及腋生；萼片长圆形；花瓣白色，卵形，有短爪。短角果，倒三角形或倒心状三角形，长5~8mm，宽4~7mm，扁平，顶端微凹。

花果期　4~6月。

分　布　广西各地。全国各地均有分布。

繁殖方法　种子繁殖。

入药部位　全草。

功　效　清肝止血，平肝明目，清热利湿。

七星莲

堇菜科Violaceae　　堇菜属*Viola*

Viola diffusa Ging.

别名：蔓茎堇菜

识别特征　一年生草本。根状茎短，具多条白色细根及纤维状根。匍匐枝先端具莲座状叶丛，常生不定根。叶基生呈莲座状，或互生于匍匐枝上；叶片卵形或卵状长圆形，长1.5~3.5cm，宽1~2cm，先端钝或稍尖，基部宽楔形或截形，明显下延于叶柄，边缘具钝齿及缘毛；叶柄长2~4.5cm，具翅；托叶基部与叶柄合生，线状披针形。花淡紫色或浅黄色，生于叶腋；萼片披针形；侧瓣倒卵形或长圆状倒卵形；距极短；子房无毛，花柱棍棒状。蒴果，长圆形，径约3mm，顶端常具宿存的花柱。

花果期　花期3~5月，果期5~8月。

分　　布　广西各地。浙江、台湾、四川、云南、西藏也有分布。

繁殖方法　种子繁殖。

入药部位　全草。

功　　效　清热解毒，散瘀消肿，止咳。

长萼堇菜

堇菜科Violaceae　　堇菜属*Viola*

Viola inconspicua Blume

别名：犁头草、毛堇菜、湖南堇菜

识别特征　多年生草本。根状茎垂直或斜生，节密生。叶基生，呈莲座状；叶片三角形、三角状卵形或戟形，长1.5~7cm，宽1~3.5cm，先端渐尖或尖，基部宽心形，弯缺呈宽半圆形，边缘具圆锯齿；叶柄具窄翅，长2~7cm；托叶与叶柄合生，分离部分披针形。花淡紫色，有暗色条纹；萼片卵状披针形或披针形；花瓣长圆状倒卵形；距管状；子房球形，花柱棍棒状。蒴果，长圆形，长8~10mm。

花果期　3~11月。

分　布　桂东、桂中。陕西、甘肃、江苏、安徽、浙江、江西、福建、台湾、湖北、湖南、广东、海南、四川、贵州、云南也有分布。

繁殖方法　种子繁殖。

入药部位　全草。

功　效　清热解毒，凉血消肿。

落地生根

景天科Crassulaceae　　落地生根属*Bryophyllum*

Bryophyllum pinnatum (L. f.) Oken

识别特征　多年生草本。羽状复叶，对生，小叶长圆形至椭圆形，长6~8cm，宽3~5cm，先端钝，边缘有圆齿，圆齿底部容易生芽，芽长大后落地即成一新植物；小叶柄长2~4cm。圆锥花序顶生；花下垂；花萼圆柱形；花冠高脚碟形，裂片4，卵状披针形，淡红色或紫红色；雄蕊8；心皮4。蓇葖包在花萼及花冠内。

花果期　花期1~3月，果期4~6月。

分　布　广西各地。云南、广东、福建、台湾也有分布。

繁殖方法　种子繁殖、扦插繁殖、不定芽繁殖。

入药部位　全草、根。

功　效　凉血止血，清热解毒。

凹叶景天

景天科Crassulaceae　景天属*Sedum*

Sedum emarginatum Migo

识别特征　多年生草本。茎细弱。单叶对生，叶片匙状倒卵形至宽卵形，长1~2cm，宽5~10mm，先端圆，有微缺，基部渐狭，有短距。花序聚伞状，顶生，有多花，常有3个分枝；萼片5，披针形至狭长圆形，基部有短距；花瓣5，黄色，线状披针形至披针形；心皮5，长圆形，基部合生。蓇葖果略叉开，腹面有浅囊状隆起。

花果期　花期5~6月，果期6月。

分　布　桂北。云南、四川、湖北、湖南、江西、安徽、浙江、江苏、甘肃、陕西也有分布。

繁殖方法　种子繁殖、扦插繁殖、分株繁殖。

入药部位　全草。

功　效　清热解毒，凉血止血，利湿。

佛甲草

景天科Crassulaceae　　景天属*Sedum*

Sedum lineare Thunb.

识别特征　多年生草本。单叶，3叶轮生，稀4叶轮生或对生，叶片线形，长20~25mm，宽约2mm，先端钝尖，基部无柄，有短距。花序聚伞状，顶生，疏生花，中央有一朵有短梗的花，另有2~3分枝，分枝常再2分枝；萼片5，线状披针形，不具距，有时有短距；花瓣5，黄色，披针形；雄蕊10。蓇葖果略叉开，长4~5mm。

花果期　花期4~5月，果期6~7月。

分　布　桂东、桂北。云南、四川、贵州、广东、湖南、湖北、甘肃、陕西、河南、安徽、江苏、浙江、福建、台湾、江西也有分布。

繁殖方法　种子繁殖、扦插繁殖、分株繁殖。

入药部位　全草。

功　效　清热解毒，利湿，止血。

荷莲豆草

石竹科Caryophyllaceae　　荷莲豆草属*Drymaria*

Drymaria cordata (L.) Willd. ex Schult.

别名：水兰青、水冰片

识别特征　一年生草本。根纤细。茎匍匐，丛生，基部分枝，节常生不定根。单叶对生，叶片卵状心形，长1~1.5cm，宽1~1.5cm，先端凸尖，具3~5基出脉；叶柄短；托叶刚毛状。聚伞花序顶生；花梗短于花萼，被白色腺毛；萼片披针状卵形；花瓣白色，倒卵状楔形，顶端2深裂；雄蕊稍短于萼片；子房卵圆形，花柱3。蒴果，卵形，长2.5mm，宽1.3mm，3瓣裂。

花 果 期　花期4~10月，果期6~12月。

分　　布　广西各地。浙江、福建、台湾、广东、海南、贵州、四川、湖南、云南、西藏也有分布。

繁殖方法　种子繁殖、分株繁殖。

入药部位　全草。

功　　效　清热利湿，活血解毒。

鹅肠菜

石竹科Caryophyllaceae　鹅肠菜属*Myosoton*

Myosoton aquaticum (L.) Moench

别名：牛繁缕

识别特征　二或多年生草本。茎上升，多分枝，上部被腺毛。单叶对生，叶片卵形或宽卵形，长2.5~5.5cm，宽1~3cm，先端急尖，基部稍心形；叶柄长5~15mm，上部叶常无柄或具短柄。顶生二歧聚伞花序；花梗花后伸长并向下弯，密被腺毛；萼片卵状披针形或长卵形；花瓣白色，2深裂至基部，裂片线形或披针状线形；雄蕊10；子房长圆形，花柱短，线形。蒴果，卵圆形，稍长于宿存萼。

花果期　花期5~8月，果期6~9月。

分　布　桂西、桂南、桂北、桂中。全国各地均有分布。

繁殖方法　种子繁殖。

入药部位　全草。

功　效　清热解毒，散瘀消肿。

金荞麦

蓼科Polygonaceae　　荞麦属*Fagopyrum*

Fagopyrum dibotrys (D. Don) H. Hara

别名：野荞麦

识别特征　多年生草本。茎直立，具纵棱。单叶互生，叶片三角形，长4~12cm，宽3~11cm，先端渐尖，基部近戟形，边缘全缘；叶柄长可达10cm；托叶鞘筒状，膜质，褐色。花序伞房状，顶生或腋生；苞片卵状披针形，每苞内具2~4花；花梗中部具关节；花被5深裂，白色，花被片长椭圆形；雄蕊8；花柱3，柱头头状。瘦果，宽卵形，具3锐棱，长6~8mm，黑褐色。

花果期　花期7~9月，果期8~10月。

分　布　广西各地。安徽、福建、甘肃、广东、贵州、河南、湖北、湖南、江苏、江西、陕西、四川、西藏、云南、浙江也有分布。

繁殖方法　种子繁殖、根茎繁殖。

入药部位　根茎。

功　效　清热解毒，排脓祛瘀。

何首乌

蓼科Polygonaceae　何首乌属*Fallopia*

Fallopia multiflora (Thunb.) Haraldson

识别特征　缠绕草本。块根肥厚，长椭圆形，黑褐色。单叶互生，叶片卵形或长卵形，长3~7cm，宽2~5cm，先端渐尖，基部心形或近心形，边缘全缘；叶柄长1.5~3cm；托叶鞘膜质，偏斜。花序圆锥状，顶生或腋生，分枝开展，具细纵棱，沿棱密被小突起；花梗下部具关节；花被5深裂，白色或淡绿色，花被片椭圆形，大小不相等，外面3片较大；雄蕊8；花柱3，柱头头状。瘦果，卵形，具3棱，长2.5~3mm，黑褐色，包于宿存花被内。

花果期　花期7~9月，果期8~10月。

分　布　广西各地。安徽、福建、甘肃、广东、贵州、海南、湖北、湖南、江苏、江西、陕西、山东、四川、台湾、云南、浙江也有分布。

繁殖方法　种子繁殖、扦插繁殖、分株繁殖。

入药部位　块根、藤茎。

功　效　块根：解毒，消痈，润肠通便；藤茎：养血安神，祛风通络。

头花蓼

蓼科Polygonaceae　　蓼属*Polygonum*

Polygonum capitatum Buch. -Ham. ex D. Don

识别特征　多年生草本。茎匍匐，丛生，节部生根，多分枝。1年生枝近直立，具纵棱。单叶互生，叶片卵形或椭圆形，长1.5~3cm，宽1~2.5cm，先端尖，基部楔形，全缘，边缘具腺毛；叶柄长2~3mm；托叶鞘筒状，具腺毛，顶端截形，有缘毛。花序头状，单生或成对，顶生；花序梗具腺毛；花被5深裂，淡红色，花被片椭圆形；雄蕊8；花柱3，中下部合生，柱头头状。瘦果，长卵形，具3棱，长1.5~2mm，黑褐色，包于宿存花被内。

花果期　花期6~9月，果期8~10月。

分　　布　桂东、桂西、桂北。江西、湖南、湖北、四川、贵州、广东、云南、西藏也有分布。

繁殖方法　种子繁殖、扦插繁殖。

入药部位　全草。

功　　效　清热利湿，活血止痛。

火炭母

蓼科Polygonaceae　　蓼属*Polygonum*

Polygonum chinense L.

识别特征　多年生草本。茎多分枝，斜上。单叶互生，叶片卵形或长卵形，长4~10cm，宽2~4cm，先端短渐尖，基部截形或宽心形，边缘全缘；下部叶具叶柄，叶柄长1~2cm，通常基部具叶耳，上部叶近无柄或抱茎；托叶鞘膜质，具脉纹，顶端偏斜，无缘毛。花序头状，通常数个排成圆锥状，顶生或腋生；花序梗被腺毛；花被5深裂，白色或淡红色，裂片卵形，果时增大；雄蕊8；花柱3。瘦果，宽卵形，具3棱，长3~4mm，黑色，包于肉质蓝黑色宿存花被内。

花果期　花期7~9月，果期8~10月。

分　布　广西各地。安徽、福建、甘肃、广东、贵州、海南、湖北、湖南、江苏、江西、陕西、四川、台湾、西藏、云南、浙江也有分布。

繁殖方法　种子繁殖、扦插繁殖。

入药部位　全草。

功　效　清热利湿，平肝明目，凉血解毒，活血舒筋。

杠板归

蓼科Polygonaceae　　蓼属*Polygonum*

Polygonum perfoliatum L.

识别特征　攀缘草本。茎具纵棱，沿棱具倒生皮刺。单叶互生，叶片三角形，长3~7cm，宽2~5cm，先端钝或微尖，基部截形或微心形，下面沿叶脉疏生皮刺；叶柄与叶片近等长，具倒生皮刺，近基部盾状着生；托叶鞘叶状，绿色，圆形或近圆形，穿叶。总状花序呈短穗状，顶生或腋生；花被5深裂，白色或淡红色，花被片椭圆形，果时增大，呈肉质，深蓝色；雄蕊8；花柱3，柱头头状。瘦果，球形，径3~4mm，黑色，有光泽，包于宿存花被内。

花果期　花期6~8月，果期7~10月。

分　布　广西各地。黑龙江、吉林、辽宁、河北、山东、河南、陕西、甘肃、江苏、浙江、安徽、江西、湖南、湖北、四川、贵州、福建、台湾、广东、海南、云南也有分布。

繁殖方法　种子繁殖。

入药部位　全草。

功　效　清热解毒，散瘀止血，利湿消肿。

习见蓼

蓼科Polygonaceae　　蓼属*Polygonum*

Polygonum plebeium R. Br.

识别特征　一年生草本。茎平卧，自基部分枝，具纵棱，沿棱具小突起。单叶互生，叶片狭椭圆形或倒披针形，长0.5~1.5cm，宽2~4mm，先端钝或急尖，基部狭楔形；叶柄极短或近无柄；托叶鞘膜质，白色，透明，先端撕裂。花3~6朵，簇生于叶腋；花梗中部具关节；花被5深裂，花被片长椭圆形，绿色，边缘白色或淡红色；雄蕊5；花柱（2）3，极短，柱头头状。瘦果，宽卵形，具3锐棱或双凸镜状，长1.5~2mm，黑褐色，平滑，包于宿存花被内。

花果期　花期5~8月，果期6~9月。

分　　布　广西各地。除西藏外，全国各地均有分布。

繁殖方法　种子繁殖。

入药部位　全草。

功　　效　清热解毒，利尿通淋，化湿杀虫。

长刺酸模

蓼科Polygonaceae　　酸模属 *Rumex*

Rumex trisetifer Stokes

识别特征　一年生草本。茎褐色或红褐色，具沟槽。茎下部叶长圆形或披针状长圆形，长8~20cm，宽2~5cm，先端急尖，基部楔形，边缘波状，茎上部的叶较小，狭披针形；叶柄长1~5cm；托叶鞘膜质。花序总状，顶生和腋生，具叶，再组成大型圆锥状花序；花两性，多花轮生；花梗近基部具关节；花被片6，2轮，黄绿色，外花被片披针形，较小内花被片果时增大，狭三角状卵形，边缘每侧具1个针刺，针刺直伸或微弯。瘦果，椭圆形，具3锐棱，长1.5~2mm，黄褐色。

花果期　花期5~6月，果期6~7月。

分　布　桂西。陕西、江苏、浙江、安徽、江西、湖南、湖北、四川、台湾、福建、广东、海南、贵州、云南也有分布。

繁殖方法　种子繁殖。

入药部位　全草。

功　效　凉血解毒，杀虫。

垂序商陆

商陆科Phytolaccaceae　商陆属*Phytolacca*

Phytolacca americana L.

别名：美洲商陆

识别特征　多年生草本。根粗壮，肥大，倒圆锥形。茎圆柱形，有时带紫红色。单叶互生，叶片椭圆状卵形或卵状披针形，长9~18cm，宽5~10cm，先端急尖，基部楔形；叶柄长1~4cm。总状花序顶生或侧生；花白色，微带红晕；花被片5；雄蕊、心皮及花柱通常均为10，心皮合生。果序下垂；浆果，扁球形，熟时紫黑色。

花果期　花期6~8月，果期8~10月。

分　布　广西各地。河北、陕西、山东、江苏、浙江、江西、福建、河南、湖北、广东、四川、云南也有分布。

繁殖方法　种子繁殖、分株繁殖。

入药部位　根、种子、叶、全草。

功　效　逐水消肿，通利二便，解毒散结。

小藜

藜科Chenopodiaceae　　藜属*Chenopodium*

Chenopodium ficifolium Sm.

识别特征　一年生草本。茎具条棱及绿色色条。单叶互生，叶片卵状矩圆形，长2.5~5cm，宽1~3.5cm，通常三浅裂，中裂片两边近平行，先端钝或急尖并具短尖头，边缘具深波状锯齿，侧裂片位于中部以下，通常各具2浅裂齿。花数个团集，排列于上部的枝上形成顶生圆锥状花序；花被近球形，5深裂，裂片宽卵形；雄蕊5；柱头2。胞果，包在花被内。

花 果 期　花期4~5月，果期6~7月。

分　　布　桂东、桂西。除西藏外，全国各地均有分布。

繁殖方法　种子繁殖。

入药部位　全草。

功　　效　清热解毒，祛湿消肿，杀虫止痒。

喜旱莲子草

苋科Amaranthaceae　　莲子草属*Alternanthera*

Alternanthera philoxeroides (Mart.) Griseb.

别名：空心莲子草

识别特征　多年生草本。茎基部匍匐，上部上升，管状，不明显4棱，具分枝。单叶对生，叶片矩圆形、矩圆状倒卵形或倒卵状披针形，长2.5~5cm，宽7~20mm，先端急尖或圆钝，具短尖，基部渐狭，全缘；叶柄长3~10mm。花密生成具总花梗的头状花序，单生在叶腋，球形；苞片及小苞片白色；花被片矩圆形，白色；雄蕊基部连合成杯状；退化雄蕊矩圆状条形；子房倒卵形。胞果。

花果期　花期5~7月，果期8~10月。

分　　布　桂南、桂北。北京、江苏、浙江、江西、湖南、福建也有分布。

繁殖方法　种子繁殖。

入药部位　全草。

功　　效　清热凉血，解毒利尿。

莲子草

苋科Amaranthaceae　　莲子草属*Alternanthera*

Alternanthera sessilis (L.) R. Br. ex DC.

识别特征　多年生草本。茎有条纹及纵沟，沟内有柔毛，在节处有一行横生柔毛。单叶对生，叶片条状披针形、矩圆形、倒卵形、卵状矩圆形，长1~8cm，宽2~20mm，先端急尖、圆形或圆钝，基部渐狭，全缘或有不显明锯齿；叶柄长1~4mm。头状花序1~4个，腋生，无总花梗，初为球形，后渐成圆柱形；苞片及小苞片白色；花被片卵形，白色；雄蕊3；退化雄蕊三角状钻形；花柱极短，柱头短裂。胞果，倒心形，长2~2.5mm，翅状，深棕色，包在宿存花被片内。

花果期　花期5~7月，果期7~9月。

分　布　广西各地。安徽、江苏、浙江、江西、湖南、湖北、四川、云南、贵州、福建、台湾、广东也有分布。

繁殖方法　种子繁殖。

入药部位　全草。

功　效　清热解毒，凉血散瘀，除湿通淋。

刺苋

苋科Amaranthaceae　　苋属*Amaranthus*

Amaranthus spinosus L.

别名：簕苋菜

识别特征　一年生草本。茎圆柱形或钝棱形，多分枝，有纵条纹。单叶互生，叶片菱状卵形或卵状披针形，长3~12cm，宽1~5.5cm，先端圆钝，具微凸头，基部楔形，全缘；叶柄长1~8cm，旁有2刺。圆锥花序腋生及顶生，下部顶生花穗常全部为雄花；苞片在腋生花簇及顶生花穗的基部变成尖锐直刺；花被片绿色，在雄花为矩圆形，在雌花为矩圆状匙形；雄蕊花丝略和花被片等长或较短；柱头3（2）。胞果，矩圆形，长约1~1.2mm，包裹在宿存花被片内。

花果期　7~11月。

分　　布　广西各地。陕西、河南、安徽、江苏、浙江、江西、湖南、湖北、四川、云南、贵州、广东、福建、台湾也有分布。

繁殖方法　种子繁殖。

入药部位　全草。

功　　效　凉血止血，清热利湿，解毒消痈。

青葙

苋科Amaranthaceae　　青葙属*Celosia*

Celosia argentea L.

识别特征　一年生草本。茎绿色或红色，具显明条纹。单叶互生，叶片矩圆披针形、披针形或披针状条形，稀卵状矩圆形，长5~8cm，宽1~3cm，绿色常带红色，先端急尖或渐尖，具小芒尖，基部渐狭；叶柄长2~15mm，或无。花多数，密生，在茎端或枝端成单一、无分枝的塔状或圆柱状穗状花序；苞片及小苞片白色；花被片矩圆状披针形，初为白色顶端带红色，或全部粉红色，后成白色；花药紫色；子房有短柄，花柱紫色。胞果，卵形，长3~3.5mm，包裹在宿存花被片内。

花果期　花期5~8月，果期6~10月。

分　　布　广西各地。全国各地均有分布。

繁殖方法　种子繁殖。

入药部位　种子。

功　　效　明目退翳，清肝。

落葵薯

落葵科Basellaceae　　落葵薯属*Anredera*

Anredera cordifolia (Ten.) Steenis

识别特征　缠绕藤本。单叶互生，叶片卵形至近圆形，长2~6cm，宽1.5~5.5cm，先端急尖，基部圆形或心形，稍肉质，腋生小块茎（珠芽）；具短柄。总状花序多花；花序轴纤细，下垂；花被片白色，渐变黑，开花时张开，卵形、长圆形至椭圆形；雄蕊白色；花柱白色，分裂成3个柱头臂，每臂具1柱头。胞果。

花果期　花期6~10月。

分　布　广西各地。江苏、浙江、福建、广东、四川、云南、北京也有分布。

繁殖方法　扦插繁殖、珠芽繁殖。

入药部位　珠芽。

功　效　补肾强腰，散瘀消肿。

尼泊尔老鹳草

牻牛儿苗科Geraniaceae　　老鹳草属*Geranium*

Geranium nepalense Sweet

别名：南老鹳草

识别特征　多年生草本。茎多分枝，被倒生柔毛。单叶对生或偶为互生；托叶披针形，棕褐色；基生叶和茎下部叶具长柄，柄长为叶片的2~3倍，被开展的倒向柔毛；叶片五角状肾形，基部心形，掌状5深裂，裂片菱形或菱状卵形，长2~4cm，宽3~5cm，先端锐尖或钝圆，基部楔形，中部以上边缘齿状浅裂或缺刻状；上部叶具短柄，叶片较小，通常3裂。总花梗腋生，长于叶，每梗2（1）花；萼片卵状披针形或卵状椭圆形；花瓣紫红色或淡紫红色，倒卵形；雄蕊下部扩大成披针形；花柱不明显。蒴果，长15~17mm。

花果期　花期4~9月，果期5~10月。

分　布　桂西、桂北。陕西、湖北、四川、贵州、云南、西藏也有分布。

繁殖方法　种子繁殖、分株繁殖。

入药部位　全草。

功　效　清热利湿，祛风通络，活血。

酢浆草

酢浆草科Oxalidaceae　酢浆草属*Oxalis*

Oxalis corniculate L.

别名：酸味草、黄花酢浆草

识别特征　一或多年生草本。全株被柔毛。根茎稍肥厚。茎直立或匍匐，匍匐茎节上生根。三出复叶基生或茎上互生；托叶长圆形或卵形，基部与叶柄合生，或同一植株下部托叶明显而上部托叶不明显；叶柄长1~13cm，基部具关节；小叶3，无柄，倒心形，长4~16mm，宽4~22mm，先端凹入，基部宽楔形，边缘具贴伏缘毛。花单生或数朵集为伞形花序状，腋生；萼片5，披针形或长圆状披针形；花瓣5，黄色，长圆状倒卵形；雄蕊10；子房长圆形，5室，花柱5，柱头头状。蒴果，长圆柱形，长1~2.5cm，5棱。

花果期　2~9月。

分　布　广西各地。全国各地均有分布。

繁殖方法　种子繁殖、宿根繁殖。

入药部位　全草。

功　效　清热利湿，凉血解毒，散瘀消肿。

红花酢浆草

酢浆草科Oxalidaceae　酢浆草属*Oxalis*

Oxalis corymbosa DC.

识别特征　多年生直立草本。无地上茎，地下部分有球状鳞茎。三出复叶基生；叶柄长5~30cm或更长；小叶3，扁圆状倒心形，长1~4cm，宽1.5~6cm，先端凹入，两侧角圆形，基部宽楔形；托叶长圆形，与叶柄基部合生。总花梗基生，二歧聚伞花序，通常排列成伞形花序式，被毛；花梗、苞片、萼片均被毛；萼片5，披针形；花瓣5，倒心形，淡紫色至紫红色；雄蕊10；子房5室，花柱5，柱头浅2裂。蒴果。

花果期　3~12月。

分　布　广西各地。安徽、福建、甘肃、广东、贵州、海南、河北、河南、湖北、湖南、江苏、江西、山东、山西、四川、台湾、新疆、云南、浙江也有分布。

繁殖方法　种子繁殖、分株繁殖、球茎繁殖。

入药部位　全草。

功　效　清热解毒，散瘀消肿，调经。

黄金凤

凤仙花科Balsaminaceae　　凤仙花属*Impatiens*

Impatiens siculifer Hook. f.

别名：水指甲

识别特征　一年生草本。单叶互生，通常密集于茎或分枝的上部，叶片卵状披针形或椭圆状披针形，长5~13cm，宽2.5~5cm，先端急尖或渐尖，基部楔形，边缘有粗圆齿，齿间有小刚毛，侧脉5~11对；下部叶的叶柄长1.5~3cm，上部叶近无柄。总花梗生于上部叶腋，花5~8朵排成总状花序；花黄色；侧生萼片2，窄矩圆形；旗瓣近圆形；翼瓣2裂，基部裂片近三角形，上部裂片条形；唇瓣狭漏斗状，基部延长成内弯或下弯的长距；花药钝。蒴果，棒状。

花果期　花期7~9月，果期10~11月。

分　布　桂西、桂北、桂中。江西、福建、湖南、湖北、贵州、四川、重庆、云南也有分布。

繁殖方法　种子繁殖、扦插繁殖。

入药部位　全草。

功　效　清热解毒，祛风除湿，活血消肿。

鸡蛋果

西番莲科Passifloraceae　西番莲属*Passiflora*

Passiflora edulis Sims

别名：百香果

识别特征　草质藤本。单叶互生，叶片长6~13cm，宽8~13cm，基部楔形或心形，掌状3深裂，中间裂片卵形，两侧裂片卵状长圆形，裂片边缘有内弯腺尖细锯齿，近裂片缺弯的基部有1~2个杯状小腺体。聚伞花序退化仅存1花，与卷须对生；花芳香；苞片绿色，宽卵形或菱形；萼片5枚，外面绿色，内面绿白色；花瓣5枚；外副花冠裂片4~5轮，外2轮裂片丝状，基部淡绿色，中部紫色，顶部白色，内3轮裂片窄三角形；内副花冠顶端全缘或为不规则撕裂状；花盘膜质；雄蕊5；子房倒卵球形，花柱3枚，扁棒状，柱头肾形。浆果，卵球形，径3~4cm，熟时紫色。

花 果 期　花期4~6月，果期7月至翌年4月。

分　　布　桂东、桂南。广东、海南、福建、云南、台湾也有分布。

繁殖方法　种子繁殖、分株繁殖、扦插繁殖。

入药部位　果实。

功　　效　清肺润燥，安神止痛，止痢。

龙珠果

西番莲科Passifloraceae　西番莲属*Passiflora*

Passiflora foetida L.

别名：山木鳖、香瓜子

识别特征　草质藤本，有臭味。茎具条纹并被平展柔毛。单叶互生，叶片宽卵形至长圆状卵形，长4.5~13cm，宽4~12cm，先端3浅裂，基部心形，边缘呈不规则波状，通常具头状缘毛，上面被丝状伏毛，并混生少许腺毛，下面被毛且其上部有较多小腺体，叶脉羽状，侧脉4~5对；叶柄长2~6cm，密被平展柔毛和腺毛；托叶半抱茎，深裂，裂片顶端具腺毛。聚伞花序退化仅存1花，与卷须对生；花白色或淡紫色，具白斑；苞片3枚，一至三回羽状分裂，裂片丝状，顶端具腺毛；萼片5枚；花瓣5枚；外副花冠裂片3~5轮，丝状；内副花冠非褶状；花盘杯状；雄蕊5；子房椭圆球形，花柱3~4枚，柱头头状。浆果，卵圆球形，径2~3cm。

花果期　花期7~8月，果期翌年4~5月。

分　布　桂东、桂西、桂南。广东、云南、台湾也有分布。

繁殖方法　种子繁殖。

入药部位　全草、果实。

功　效　清热解毒，清肺止咳。

绞股蓝

葫芦科Cucurbitaceae　　绞股蓝属*Gynostemma*

Gynostemma pentaphyllum (Thunb.) Makino

别名：毛果绞股蓝

识别特征　攀缘藤本。茎具纵棱及槽。掌状复叶，鸟足状，具3~9小叶，通常5~7小叶，叶柄长3~7cm；小叶片卵状长圆形或披针形，中央小叶长3~12cm，宽1.5~4cm，侧生小叶较小，先端急尖或短渐尖，基部渐狭，边缘具波状齿或圆齿状牙齿，侧脉6~8对；小叶柄长1~5mm。卷须纤细，二歧，稀单一。雌雄异株；雄花圆锥花序，花萼筒5裂，裂片三角形，花冠淡绿色或白色，5深裂，裂片卵状披针形，雄蕊5；雌花圆锥花序，花萼及花冠似雄花，子房球形，2~3室，花柱3枚，柱头2裂，具短小的退化雄蕊5枚。浆果，球形，径5~6mm，成熟后黑色。

花果期　花期3~11月，果期4~12月。

分　　布　广西各地。安徽、福建、广东、贵州、海南、河南、湖北、湖南、江苏、江西、山东、四川、台湾、云南、浙江也有分布。

繁殖方法　种子繁殖、根茎繁殖、扦插繁殖。

入药部位　全草。

功　　效　补气养阴，清肺化痰，养心安神。

木鳖子

葫芦科Cucurbitaceae　苦瓜属*Momordica*

Momordica cochinchinensis (Lour.) Spreng.

别名：木鳖

识别特征　攀缘藤本。单叶互生，叶柄粗壮，长5~10cm，在基部或中部有2~4个腺体；叶片卵状心形或宽卵状圆形，长、宽均为10~20cm，3~5中裂至深裂或不分裂，中间的裂片最大，倒卵形或长圆状披针形，先端急尖或渐尖，有短尖头，边缘有波状小齿或稀近全缘，侧裂片较小，卵形或长圆状披针形，基部心形，基部弯缺半圆形，叶脉掌状。雌雄异株；雄花单生于叶腋或有时3~4朵着生在极短的总状花序轴上，花梗顶端生一大型苞片，苞片兜状，圆肾形，花萼筒漏斗状，裂片宽披针形或长圆形，花冠黄色，裂片卵状长圆形，雄蕊3；雌花单生于叶腋，花梗近中部生一苞片，苞片兜状，花冠、花萼同雄花，子房卵状长圆形。浆果，卵球形，长达12~15cm，成熟时红色，肉质，密生具刺尖的突起。

花果期　花期6~8月，果期8~10月。

分　　布　桂东、桂南、桂北、桂中。江苏、安徽、江西、福建、台湾、广东、湖南、四川、贵州、云南、西藏也有分布。

繁殖方法　种子繁殖。

入药部位　种子。

功　　效　散结消肿，攻毒疗疮。

罗汉果

葫芦科Cucurbitaceae　罗汉果属*Siraitia*

Siraitia grosvenori (Swingle) C. Jeffrey ex A. M. Lu et Z. Y. Zhang

识别特征　攀缘草本。茎、枝和叶柄均被黄褐色柔毛和黑色疣状腺鳞。单叶互生，叶柄长3~10cm；叶片卵形心形、三角状卵形或阔卵状心形，长12~23cm，宽5~17cm，先端渐尖或长渐尖，基部心形，弯缺半圆形或近圆形，边缘微波状，有小齿和缘毛，叶背被短柔毛和混生黑色疣状腺鳞。卷须二歧，在分叉点上下同时旋卷。雌雄异株；雄花序总状，6~10朵花生于花序轴上部，花萼筒宽钟状，花萼裂片5，三角形，花冠黄色，裂片5，长圆形，雄蕊5；雌花单生或2~5朵集生于总梗顶端，花萼和花冠比雄花大，退化雄蕊5枚，子房长圆形，花柱短粗，柱头3，镰形2裂。浆果，球形或长圆形，长6~11cm，径4~8cm，果皮干后易脆。

花果期　花期5~7月，果期7~9月。

分　布　桂东、桂北、桂中。贵州、湖南、广东、江西也有分布。

繁殖方法　种子繁殖、扦插繁殖、压条繁殖。

入药部位　果实。

功　效　清热润肺，滑肠通便。

茅瓜

葫芦科Cucurbitaceae　　茅瓜属*Solena*

Solena amplexicaulis (Lam.) Gandhi

别名：猪龙瓜

识别特征　攀缘草本。块根纺锤状。单叶互生，叶柄长仅0.5~1cm；叶片多形，变异极大，卵形、长圆形、卵状三角形或戟形等，不分裂、3~5浅裂至深裂，裂片长圆状披针形、披针形或三角形，长8~12cm，宽1~5cm，先端钝或渐尖，基部心形，弯缺半圆形，有时基部向后靠合，边缘全缘或有疏齿。卷须不分歧。雌雄异株；雄花10~20朵生于花序梗顶端，呈伞房状花序，花极小，花萼筒钟状，裂片近钻形，花冠黄色，裂片三角形，雄蕊3；雌花单生于叶腋，子房卵形，柱头3。浆果，红褐色，长圆状或近球形，长2~6cm，径2~5cm。

花果期　花期5~8月，果期8~11月。

分　布　桂东、桂西、桂南、桂中。台湾、福建、江西、广东、云南、贵州、四川、西藏也有分布。

繁殖方法　种子繁殖。

入药部位　块根。

功　效　清热解毒，化痰利湿，化瘀散结。

马㼎儿

葫芦科Cucurbitaceae　　马㼎儿属*Zehneria*

Zehneria indica (Lour.) Keraudren

别名：老鼠拉冬瓜

识别特征　攀缘或平卧草本。单叶互生，叶片多型，三角状卵形、卵状心形或戟形，不分裂或3~5浅裂，长3~5cm，宽2~4cm，分裂时中间的裂片较长，三角形或披针状长圆形；侧裂片较小，三角形或披针状三角形；先端急尖或稀短渐尖，基部弯缺半圆形，边缘微波状或有疏齿，叶脉掌状；叶柄长2.5~3.5cm。雌雄同株；雄花单生或稀2~3朵生于短的总状花序上，花萼宽钟形，花冠淡黄色，裂片长圆形或卵状长圆形，雄蕊3；雌花在与雄花同一叶腋内单生或稀双生，花冠阔钟形，裂片披针形，子房狭卵形，花柱短，柱头3裂，退化雄蕊腺体状。浆果，长圆形或狭卵形，长1~1.5cm，宽0.5~1cm，成熟后橘红色或红色。

花果期　花期4~7月，果期7~10月。

分　布　广西各地。四川、湖北、安徽、江苏、浙江、福建、江西、湖南、广东、贵州、云南也有分布。

繁殖方法　种子繁殖。

入药部位　全草。

功　效　清热解毒，消肿散结。

钮子瓜

葫芦科Cucurbitaceae　　马㼎儿属*Zehneria*

Zehneria maysorensis (Wight et Arn.) Arn.

别名：野杜瓜

识别特征　草质藤本。单叶互生，叶柄长2~5cm；叶片宽卵形或稀三角状卵形，长、宽均为3~10cm，先端急尖或短渐尖，基部弯缺半圆形，稀近截平，边缘有小齿或深波状锯齿，不分裂或有时3~5浅裂，叶脉掌状。卷须单一。雌雄同株；雄花常3~9朵生于总梗顶端呈近头状或伞房状花序，花萼筒宽钟状，裂片狭三角形，花冠白色，裂片卵形或卵状长圆形，雄蕊3；雌花单生，稀几朵生于总梗顶端或极稀雌雄同序，子房卵形。浆果，球状或卵状，径1~1.4cm。

花果期　花期4~8月，果期8~11月。

分　　布　桂东、桂西、桂南、桂北。四川、贵州、云南、广东、福建、江西也有分布。

繁殖方法　种子繁殖。

入药部位　全草。

功　　效　清热解毒，息风止痉。

裂叶秋海棠

秋海棠科Begoniaceae　　秋海棠属*Begonia*

Begonia palmata D. Don

识别特征　多年生具茎草本。根状茎长圆柱状，匐匐，节膨大。茎直立，有明显沟纹。茎生叶互生，叶片两侧不相等，斜卵形或偏圆形，长12~20cm，宽10~16cm，先端渐尖至长渐尖，基部微心形至心形，边缘有疏浅三角形齿，齿尖常有短芒，掌状3~7浅至中或深裂，裂片形状和长短均变化较大，从窄三角形至宽三角形，通常又再浅裂，掌状5~7条脉；叶柄长5~10cm；托叶披针形。花玫瑰色、白色至粉红色，4至数朵，呈二至三回二歧聚伞状花序；雄花花被片4，外面2枚宽卵形至宽椭圆形，内轮2枚，宽椭圆形，雄蕊多数；雌花花被片4~5，外面宽卵形，子房长圆倒卵形，花柱基部合生，柱头2裂。蒴果，倒卵球形，长约1.5cm，径约8mm，具不等3翅。

花 果 期　花期8月，果期9月。

分　　布　广西各地。西藏、云南也有分布。

繁殖方法　种子繁殖、扦插繁殖。

入药部位　全草。

功　　效　解毒消肿，散瘀止痛，杀虫。

地耳草

金丝桃科Hypericaceae　　金丝桃属*Hypericum*

Hypericum japonicum Thunb.

别名：田基黄

识别特征　一或多年生草本。茎具4纵棱，散布淡色腺点。单叶对生，无柄，叶片通常卵形或卵状三角形至长圆形或椭圆形，长0.2~1.8cm，宽0.1~1cm，先端近锐尖至圆形，基部心形抱茎至截形，边缘全缘，具1~3条基生主脉和1~2对侧脉，全面散布透明腺点。花序具1~30花，二歧状或多少呈单歧状，有或无侧生的小花枝；萼片狭长圆形或披针形至椭圆形；花瓣白色、淡黄色至橙黄色，椭圆形或长圆形；雄蕊5~30；子房1室，花柱2或3。蒴果，短圆柱形至圆球形，长2.5~6mm，宽1.3~2.8mm。

花果期　花期3~8月，果期6~10月。

分　　布　广西各地。安徽、福建、广东、贵州、海南、湖北、湖南、江苏、江西、辽宁、山东、四川、台湾、云南、浙江也有分布。

繁殖方法　种子繁殖。

入药部位　全草。

功　　效　利湿退黄，清热解毒，活血消肿。

元宝草

金丝桃科Hypericaceae　　金丝桃属*Hypericum*

Hypericum sampsonii Hance

别名：王不留行、帆船草、土柴胡

识别特征　多年生草本。单叶对生，无柄，基部完全合生为一体而茎贯穿其中心，或披针形至长圆形或倒披针形，长2~8cm，宽0.7~3.5cm，先端钝形或圆形，基部较宽，全缘，边缘密生有黑色腺点，全面散生透明或间有黑色腺点，侧脉每边约4条。花序顶生，伞房状，连同下方常多达6个腋生花枝整体成伞房状至圆柱状圆锥花序；萼片长圆形、长圆状匙形或长圆状线形；花瓣淡黄色，椭圆状长圆形；雄蕊3束；子房卵珠形至狭圆锥形，3室，花柱3。蒴果，宽卵珠形或卵珠状圆锥形，长6~9mm，宽4~5mm，散布有卵珠状黄褐色囊状腺体。

花果期　花期5~6月，果期7~8月。

分　布　桂西、桂南、桂北、桂中。安徽、福建、广东、贵州、河南、湖北、湖南、江苏、江西、陕西、四川、台湾、云南、浙江也有分布。

繁殖方法　种子繁殖。

入药部位　全草。

功　效　清热解毒，凉血止血，活血调经，祛风通络。

甜麻

椴树科Tiliaceae　　黄麻属*Corchorus*

Corchorus aestuans L.

别名：假黄麻

识别特征　一年生草本。茎红褐色。单叶互生，叶片卵形或阔卵形，长4.5~6.5cm，宽3~4cm，先端短渐尖或急尖，基部圆形，两面均有稀疏的长粗毛，边缘有锯齿，近基部一对锯齿往往延伸成尾状小裂片，基出脉5~7条；叶柄长0.9~1.6cm，被淡黄色的长粗毛。花单独或数朵组成聚伞花序生于叶腋或腋外；萼片5，狭窄长圆形，顶端具角，外面紫红色；花瓣5，倒卵形，黄色；雄蕊多数；子房长圆柱形，花柱圆棒状，柱头5齿裂。蒴果，长筒形，长约2.5cm，径约5mm，具6条纵棱，其中3~4棱呈翅状突起，顶端有3~4条向外延伸的角。

花果期　花期6~7月，果期8~10月。

分　布　广西各地。安徽、广东、海南、湖北、湖南、江苏、江西、四川、台湾、云南、浙江也有分布。

繁殖方法　种子繁殖。

入药部位　全草。

功　效　清热利湿，消肿拔毒。

磨盘草

锦葵科Malvaceae　苘麻属*Abutilon*

Abutilon indicum (L.) Sw.

别名：耳响草、金花草

识别特征　一或多年生直立亚灌木状草本。全株均被灰色短柔毛。单叶互生，叶片卵圆形或近圆形，长3~9cm，宽2.5~7cm，先端短尖或渐尖，基部心形，边缘具不规则锯齿，两面均密被灰色星状柔毛；叶柄长2~4cm，被灰色短柔毛和疏丝状长毛；托叶钻形。花单生叶腋；花梗近顶端具节，被灰色星状柔毛；花萼盘状，绿色，裂片5，宽卵形；花黄色，花瓣5；雄蕊柱被星状硬毛；心皮15~20，成轮状，花柱枝5，柱头头状。蒴果，倒圆形似磨盘，径约1.5cm，黑色。

花 果 期　花期7~10月，果期10~12月。

分　　布　广西各地。台湾、福建、广东、贵州、云南也有分布。

繁殖方法　种子繁殖。

入药部位　全草。

功　　效　疏风清热，化痰止咳，解毒消肿。

赛葵

锦葵科Malvaceae　　赛葵属*Malvastrum*

Malvastrum coromandelianum (L.) Gürcke

别名：黄花草、黄花棉

识别特征　一或多年生亚灌木状草本。全体疏被单毛和星状粗毛。单叶互生，叶片卵状披针形或卵形，长3~6cm，宽1~3cm，先端钝尖，基部宽楔形至圆形，边缘具粗锯齿，上面疏被长毛，下面疏被长毛和星状长毛；叶柄长1~3cm，密被长毛；托叶披针形。花单生叶腋，花梗被长毛；小苞片线形，疏被长毛；萼浅杯状，5裂，裂片卵形；花黄色，倒卵形；雄蕊柱无毛。蒴果，径约6mm。

花果期　几全年。

分　　布　广西各地。台湾、福建、广东、云南也有分布。

繁殖方法　种子繁殖。

入药部位　全草。

功　　效　清热利湿，解毒消肿。

铁苋菜

大戟科Euphorbiaceae　　铁苋菜属*Acalypha*

Acalypha australis L.

别名：海蚌含珠、人苋

识别特征　一年生草本。单叶互生，叶片长卵形、近菱状卵形或阔披针形，长3~9cm，宽1~5cm，先端短渐尖，基部楔形，稀圆钝，边缘具圆齿，下面沿中脉具柔毛；基出脉3条，侧脉3对；叶柄长2~6cm，具短柔毛；托叶披针形。雌雄花同序，花序腋生，稀顶生；雌花苞片1~4枚，卵状心形，花后增大，边缘具三角形齿，苞腋具雌花1~3朵；雄花生于花序上部，排列呈穗状或头状，雄花苞片卵形，苞腋具雄花5~7朵；雄花花萼裂片4枚，卵形，雄蕊7~8；雌花萼片3枚，长卵形，子房具疏毛，花柱3枚。蒴果，径4mm。

花果期　4~12月。

分　布　广西各地。除内蒙古和新疆外，全国各地均有分布。

繁殖方法　种子繁殖。

入药部位　全草。

功　效　清热利湿，凉血解毒，消积。

猩猩草

大戟科Euphorbiaceae 大戟属*Euphorbia*

Euphorbia cyathophora Murray

识别特征 一或多年生草本。单叶互生，叶片卵形、椭圆形或卵状椭圆形，先端尖或圆，基部渐狭，长3~10cm，宽1~5cm，边缘波状分裂或具波状齿或全缘；叶柄长1~3cm；总苞叶与茎生叶同形，较小，淡红色或仅基部红色。花序单生，数枚聚伞状排列于分枝顶端；总苞钟状，绿色，边缘5裂，裂片三角形；腺体常1枚，偶2枚，扁杯状，近两唇形，黄色；雄花多枚；雌花1枚；子房三棱状球形，花柱3，柱头2浅裂。蒴果，三棱状球形，长4.5~5mm，径3.5~4mm。

花果期 5~11月。

分布 广西各地。安徽、福建、广东、贵州、海南、河北、河南、湖北、湖南、江苏、江西、山东、四川、台湾、云南、浙江也有分布。

繁殖方法 种子繁殖、扦插繁殖。

入药部位 全草。

功效 调经止血，接骨消肿。

飞扬草

大戟科Euphorbiaceae　大戟属*Euphorbia*

Euphorbia hirta L.

别名：大飞扬、奶母草、奶汁草

识别特征　一年生草本。茎被褐色或黄褐色的多细胞粗硬毛。单叶对生，叶片披针状长圆形、长椭圆状卵形或卵状披针形，长1~5cm，宽5~13mm，先端极尖或钝，基部略偏斜，边缘于中部以上有细锯齿，中部以下较少或全缘，两面均具柔毛；叶柄长1~2mm。花序多数，于叶腋处密集成头状；总苞钟状，被柔毛，边缘5裂，裂片三角状卵形；腺体4，近于杯状；雄花数枚；雌花1枚；子房三棱状，花柱3，柱头2浅裂。蒴果，三棱状，长与径均为1~1.5mm。

花果期　6~12月。

分　　布　广西各地。江西、湖南、福建、台湾、广东、海南、四川、贵州、云南也有分布。

繁殖方法　种子繁殖。

入药部位　全草。

功　　效　清热解毒，利湿止痒，通乳。

通奶草

大戟科Euphorbiaceae　大戟属*Euphorbia*

Euphorbia hypericifolia L.

识别特征　一年生草本。单叶对生，叶片狭长圆形或倒卵形，长1~2.5cm，宽4~8mm，先端钝或圆，基部圆形，通常偏斜，不对称，边缘全缘或基部以上具细锯齿；叶柄长1~2mm；托叶三角形；苞叶2枚，与茎生叶同形。花序数个簇生于叶腋或枝顶，每个花序基部具纤细的柄；总苞陀螺状，边缘5裂，裂片卵状三角形；腺体4；雄花数枚；雌花1枚；子房三棱状，花柱3，柱头2浅裂。蒴果，三棱状，长约1.5mm，径约2mm。

花果期　8~12月。

分　布　广西各地。江西、台湾、湖南、广东、海南、四川、贵州、云南也有分布。

繁殖方法　扦插繁殖。

入药部位　全草。

功　效　清热解毒，健脾通奶，散瘀止血，利水。

叶下珠

大戟科Euphorbiaceae　叶下珠属*Phyllanthus*

Phyllanthus urinaria L.

识别特征　一年生草本。枝具翅状纵棱。单叶互生，叶片因叶柄扭转而呈羽状排列，长圆形或倒卵形，长4~10mm，宽2~5mm，先端圆、钝或急尖而有小尖头，近边缘或边缘有1~3列短粗毛；侧脉每边4~5条；叶柄极短；托叶卵状披针形。花雌雄同株；雄花2~4朵簇生于叶腋，通常仅上面1朵开花；花梗基部有苞片1~2枚，萼片6，倒卵形，雄蕊3，花盘腺体6；雌花单生于小枝中下部的叶腋内，萼片6，卵状披针形，黄白色，花盘圆盘状，子房卵状，花柱顶端2裂。蒴果，圆球状，径1~2mm，红色，有宿存的花柱和萼片。

花果期　花期4~6月，果期7~11月。

分　布　广西各地。安徽、福建、广东、贵州、海南、河北、河南、湖北、湖南、江苏、江西、陕西、山东、山西、四川、台湾、西藏、云南、浙江也有分布。

繁殖方法　种子繁殖。

入药部位　全草。

功　效　清热利尿，明目消积。

龙芽草

蔷薇科Rosaceae　　龙芽草属*Agrimonia*

Agrimonia pilosa Ledeb.

识别特征　多年生草本。茎被疏柔毛及短柔毛。间断奇数羽状复叶，通常有小叶3~4对，向上减少至3小叶，叶柄被稀疏柔毛或短柔毛；小叶片无柄或有短柄，倒卵形、倒卵椭圆形或倒卵披针形，长1.5~5cm，宽1~2.5cm，先端急尖至圆钝，基部楔形至宽楔形，边缘具急尖到圆钝锯齿；托叶绿色，镰形，边缘具尖锐锯齿或裂片。花序穗状总状顶生，分枝或不分枝；苞片通常深3裂；萼片5，三角卵形；花瓣黄色，长圆形；雄蕊5~15枚；花柱2，丝状，柱头头状。瘦果，倒卵圆锥形，外面有10条肋，顶端有数层钩刺。

花果期　5~12月。

分　布　桂北、桂东、桂西。除海南及香港外，全国各地均有分布。

繁殖方法　种子繁殖、分株繁殖。

入药部位　地上部分。

功　效　收敛止血，截疟止痢，解毒。

蛇莓

蔷薇科Rosaceae　　蛇莓属*Duchesnea*

Duchesnea indica (Andrews) Focke

识别特征　多年生草本。根茎短，粗壮；匍匐茎多数，有柔毛。三出复叶互生，小叶倒卵形至菱状长圆形，长2~5cm，宽1~3cm，先端圆钝，边缘有钝锯齿，两面皆有柔毛，具小叶柄；叶柄长1~5cm，有柔毛；托叶窄卵形至宽披针形。花单生于叶腋；萼片卵形；副萼片倒卵形，比萼片长，先端常具3~5锯齿；花瓣倒卵形，黄色，先端圆钝；雄蕊20~30；心皮多数，离生；花托在果期膨大，海绵质，鲜红色，有光泽。聚合瘦果，卵形，长约1.5mm。

花 果 期　花期6~8月，果期8~10月。

分　　布　广西各地。辽宁以南各地也有分布。

繁殖方法　种子繁殖、分株繁殖。

入药部位　全草。

功　　效　清热解毒，凉血止血，散瘀消肿。

蛇含委陵菜

蔷薇科Rosaceae　　委陵菜属*Potentilla*

Potentilla kleiniana Wight et Arn.

识别特征　一、二或多年生草本。花茎常于节处生根并发育出新植株，被柔毛。基生叶为近于鸟足状5小叶，连叶柄长3~20cm，叶柄被柔毛；小叶几无柄稀有短柄，小叶片倒卵形或长圆倒卵形，长0.5~4cm，宽0.4~2cm，先端圆钝，基部楔形，边缘有多数急尖或圆钝锯齿，两面被疏柔毛，下部茎生叶有5小叶，上部茎生叶有3小叶，小叶与基生小叶相似，叶柄较短；基生叶托叶淡褐色，茎生叶托叶绿色，卵形至卵状披针形。聚伞花序密集枝顶如假伞形；花梗下有茎生叶如苞片状；萼片三角卵圆形，副萼片披针形或椭圆披针形；花瓣黄色，倒卵形，顶端微凹；花柱圆锥形，基部膨大，柱头扩大。聚合瘦果，近圆形，径约0.5mm，具皱纹。

花果期　4~9月。

分　布　桂西、桂南、桂北。辽宁、陕西、山东、河南、安徽、江苏、浙江、湖北、湖南、江西、福建、广东、四川、贵州、云南、西藏也有分布。

繁殖方法　种子繁殖、分株繁殖。

入药部位　全草。

功　效　清热定惊，化痰止咳，解毒活血，截疟。

含羞草

含羞草科Mimosaceae　　含羞草属*Mimosa*

Mimosa pudica L.

别名：害羞草

识别特征　多年生、披散、亚灌木状草本。茎有散生、下弯的钩刺及倒生刺毛。羽片和小叶触之即闭合而下垂；二回羽状复叶，羽片通常2对，指状排列于总叶柄顶端；小叶10~20对，对生，线状长圆形，长8~13mm，宽1.5~2.5mm，先端急尖，边缘具刚毛；托叶披针形，有刚毛。头状花序圆球形，单生或2~3个生于叶腋；花小，淡红色；花萼极小；花冠钟状，裂片4；雄蕊4，伸出花冠外；子房有短柄，花柱丝状，柱头小。荚果，长圆形，长1~2cm，宽约5mm，扁平，荚缘具刺毛。

花果期　花期3~10月，果期5~11月。

分　布　广西各地。台湾、福建、广东、云南也有分布。

繁殖方法　种子繁殖。

入药部位　全草。

功　效　清热利湿，凉血解毒，镇静安神。

决明

苏木科Caesalpiniaceae　　山扁豆属*Senna*

Senna tora (L.) Roxb.

识别特征　一年生亚灌木状草本。一回羽状复叶，长4~8cm；叶轴上每对小叶间有棒状腺体1枚；小叶3对，对生，倒卵形或倒卵状长椭圆形，长2~6cm，宽1.5~2.5cm，先端圆钝而有小尖头，基部渐狭，偏斜，上面被稀疏柔毛，下面被柔毛；小叶柄长1.5~2mm；托叶线状，被柔毛。花腋生，通常2朵聚生；萼片卵形或卵状长圆形；花瓣黄色；能育雄蕊7枚；子房无柄。荚果，近四棱形，两端渐尖，长达15cm，宽3~4mm。

花 果 期　8~11月。

分　　布　广西各地。安徽、福建、广东、贵州、海南、湖北、湖南、江苏、江西、青海、四川、台湾、云南、浙江也有分布。

繁殖方法　种子繁殖。

入药部位　种子。

功　　效　清热明目，润肠通便。

链荚豆

蝶形花科Papilionaceae　　链荚豆属*Alysicarpus*

Alysicarpus vaginalis Chun

别名：假地豆

识别特征　多年生草本。叶仅有单小叶，互生；托叶线状披针形，具条纹；叶柄长5~14mm；小叶形状及大小变化很大，茎上部小叶通常卵状长圆形、长圆状披针形至线状披针形，长3~6.5cm，宽1~2cm，下部小叶心形、近圆形或卵形，长1~3cm，宽约1cm，下面稍被短柔毛，全缘，侧脉4~9条。总状花序腋生或顶生，有花6~12朵，成对排列于节上；花萼5裂，裂片较萼筒长；花冠紫蓝色，倒卵形；子房被短柔毛。荚果，扁圆柱形，长1.5~2.5cm，宽2~2.5mm，被短柔毛。

花果期　花期9月，果期9~11月。

分　布　广西各地。福建、广东、海南、云南、台湾也有分布。

繁殖方法　种子繁殖。

入药部位　全草。

功　效　活血通络，接骨消肿，清热解毒。

蔓草虫豆

蝶形花科Papilionaceae　木豆属*Cajanus*

Cajanus scarabaeoides (L.) Thouars

识别特征　蔓生或缠绕草质藤本。茎被红褐色或灰褐色短茸毛。三出复叶，互生；托叶卵形；叶柄长1~3cm；小叶下面有腺状斑点，顶生小叶椭圆形至倒卵状椭圆形，长1.5~4cm，宽0.8~3cm，先端钝或圆，侧生小叶斜椭圆形至斜倒卵形，两面被褐色短柔毛；基出脉3；小托叶缺；小叶柄极短。总状花序腋生，有花1~5朵，总轴、花梗、花萼均被黄褐色至灰褐色茸毛；花萼钟状，4齿裂或有时上面2枚不完全合生而呈5裂状，裂片线状披针形；花冠黄色；雄蕊二体；子房密被丝质长柔毛。荚果，长圆形，长1.5~2.5cm，宽约6mm，密被红褐色或灰黄色长毛。

花果期　花期9~10月，果期11~12月。

分　布　桂东、桂西、桂南、桂北。云南、四川、贵州、广东、海南、福建、台湾也有分布。

繁殖方法　种子繁殖。

入药部位　叶。

功　效　解暑利尿，止血生肌。

蝙蝠草

蝶形花科Papilionaceae　　蝙蝠草属*Christia*

Christia vespertilionis (L. f.) Bakh. f.

别名：月见蓠草

识别特征　多年生直立草本。单小叶，稀有3小叶；托叶刺毛状；叶柄长2~2.5cm，被稀疏短柔毛；顶生小叶菱形、长菱形或元宝形，长0.8~1.5cm，宽5~9cm，先端宽而截平，近中央处稍凹，基部略呈心形，侧生小叶倒心形或倒三角形，长8~15mm，宽15~20mm，先端截平，基部楔形或近圆形，侧脉每边3~4条；小叶柄长1mm。总状花序顶生或腋生，有时组成圆锥花序；花萼花后增大，5裂，裂片三角形；花冠黄白色。荚果，有荚节4~5，椭圆形，成熟后黑褐色，完全藏于萼内。

花果期　花期3~5月，果期10~12月。

分　　布　桂东、桂西、桂南、桂中。广东、海南也有分布。

繁殖方法　种子繁殖。

入药部位　全草。

功　　效　活血祛风，解毒消肿。

广东金钱草

蝶形花科Papilionaceae　山蚂蝗属*Desmodium*

Desmodium styracifolium (Osbeck) Merr.

别名：鱼钱草

识别特征　多年生亚灌木状草本。幼枝密被白色或淡黄色毛。单小叶，有时具3小叶；叶柄长1~2cm，密被丝状毛；托叶披针形；小叶圆形或近圆形至宽倒卵形，长与宽均为2~4.5cm，侧生小叶如存在则较顶生小叶小，先端圆或微凹，基部圆形或心形，下面密被丝状毛，全缘，侧脉每边8~10条；小托叶钻形或狭三角形；小叶柄长5~8mm，密被丝状毛。总状花序，顶生或腋生；花每2朵生于节上；花萼顶端4裂；花冠紫红色；雄蕊二体；子房线形。荚果，长10~20mm，宽约2.5mm，被短柔毛和小钩状毛，有荚节3~6。

花果期　6~9月。

分　布　桂东、桂南、桂北。广东、海南、云南也有分布。

繁殖方法　种子繁殖、分株繁殖、扦插繁殖。

入药部位　全草。

功　效　清热除湿，利尿通淋。

鸡眼草

蝶形花科Papilionaceae　　鸡眼草属*Kummerowia*

Kummerowia striata (Thunb.) Schindl.

识别特征　一年生草本。茎和枝被倒生白色细毛。三出复叶；托叶卵状长圆形，比叶柄长；叶柄极短；小叶倒卵形、长倒卵形或长圆形，长6~22mm，宽3~8mm，先端圆形，基部近圆形或宽楔形，全缘，两面沿中脉及边缘有白色粗毛，侧脉多而密。花单生或2~3朵簇生于叶腋；花萼钟状，带紫色，5裂，裂片宽卵形；花冠粉红色或紫色。荚果，圆形或倒卵形，长3.5~5mm，先端短尖，被小柔毛。

花果期　花期7~9月，果期8~10月。

分　布　广西各地。安徽、福建、广东、贵州、河北、黑龙江、河南、湖北、湖南、江苏、江西、吉林、辽宁、内蒙古、山东、山西、四川、台湾、云南、浙江也有分布。

繁殖方法　种子繁殖。

入药部位　全草。

功　效　清热解毒，健脾利湿，活血止血。

鹿藿

蝶形花科Papilionaceae　　鹿藿属*Rhynchosia*

Rhynchosia volubilis Lour.

别名：老鼠眼

识别特征　缠绕草质藤本。全株各部被灰色至淡黄色柔毛。羽状或有时近指状3小叶；托叶披针形，被短柔毛；叶柄长2~5.5cm；顶生小叶菱形或倒卵状菱形，长3~8cm，宽3~5.5cm，先端钝或急尖，常有小凸尖，基部圆形或阔楔形，两面被灰色或淡黄色柔毛；基出脉3；小叶柄长2~4mm，侧生小叶常偏斜。总状花序，1~3个腋生；花萼钟状，裂片披针形；花冠黄色；雄蕊二体；子房被毛及密集的小腺点。荚果，长圆形，红紫色，长1~1.5cm，宽约8mm，先端有小喙。

花果期　花期5~8月，果期9~12月。

分　布　广西各地。广东、海南、台湾也有分布。

繁殖方法　种子繁殖、扦插繁殖。

入药部位　茎叶。

功　效　祛风除湿，活血。

田菁

蝶形花科Papilionaceae　田菁属*Sesbania*

Sesbania cannabina (Retz.) Poir.

识别特征　一年生亚灌木状草本。幼枝折断有白色黏液。羽状复叶；叶轴上面具沟槽；托叶披针形；小叶20~40对，对生或近对生，线状长圆形，长8~40mm，宽2.5~7mm，先端钝至截平，具小尖头，基部圆形，两侧不对称，两面被紫色小腺点；小叶柄长约1mm；小托叶钻形，宿存。总状花序，具2~6朵花；花萼斜钟状，萼齿短三角形；花冠黄色；雄蕊二体，花药卵形至长圆形；柱头头状。荚果，长圆柱形，长12~22cm，宽2.5~3.5mm，外面具黑褐色斑纹，喙尖。

花果期　7~12月。

分　布　广西各地。海南、江苏、浙江、江西、福建、云南也有分布。

繁殖方法　种子繁殖。

入药部位　叶。

功　效　清热凉血，利尿解毒。

狸尾豆

蝶形花科Papilionaceae 狸尾豆属*Uraria*

Uraria lagopodioides (L.) Desv. ex DC.

别名：兔尾草

识别特征 多年生草本。花枝被短柔毛。三出复叶，稀兼有单小叶；托叶三角形，被灰黄色长柔和缘毛；叶柄长1~2cm，有沟槽；顶生小叶近圆形或椭圆形至卵形，长2~6cm，宽1.5~3cm，先端圆形或微凹，有细尖，基部圆形或心形，侧生小叶较小，侧脉每边5~7条；小托叶刚毛状；小叶柄长约2mm，密被灰黄色短柔毛。总状花序，顶生；花萼5裂，上部2裂片三角形，下部3裂片刺毛状；花冠淡紫色；雄蕊二体；子房无毛。荚果，包藏于萼内，有荚节1~2，黑褐色。

花果期 8~10月。

分布 广西各地。福建、江西、湖南、广东、海南、贵州、云南、台湾也有分布。

繁殖方法 种子繁殖。

入药部位 全草。

功效 清热解毒，散结消肿。

石油菜

荨麻科Urticaceae　冷水花属*Pilea*

Pilea cavaleriei H. Lév.

别名：波缘冷水花

识别特征　多年生草本。地上茎多分枝，上部节间密集，密布杆状钟乳体。单叶，集生于枝顶部，同对的常不等大，多汁，宽卵形、菱状卵形或近圆形，长8~20mm，宽6~18mm，先端钝，近圆形或锐尖，基部宽楔形、近圆形或近截形，在近叶柄处常有不对称的小耳突，边缘全缘或波状，基出脉3条，侧脉2~4对；叶柄长5~20mm；托叶三角形，宿存。雌雄同株；聚伞花序常密集成近头状，有时具少数分枝；苞片三角状卵形；雄花淡黄色，花被片4，倒卵状长圆形，雄蕊4，退化雌蕊长圆锥形；雌花花被片3，不等大，退化雄蕊不明显。瘦果，卵形，长约0.7mm。

花果期　花期5~8月，果期8~10月。

分　布　广西各地。福建、浙江、江西、广东、湖南、贵州、湖北、四川也有分布。

繁殖方法　种子繁殖。

入药部位　全草。

功　效　清肺止咳，利水消肿，解毒止痛。

小叶冷水花

荨麻科Urticaceae　冷水花属*Pilea*

Pilea microphylla (L.) Liebm.

识别特征　多年生草本。茎肉质，多分枝，干时常变蓝绿色，密布条形钟乳体。单叶，叶很小，同对的不等大，叶片倒卵形至匙形，长3~7mm，宽1.5~3mm，先端钝，基部楔形或渐狭，边缘全缘，叶脉羽状，侧脉数对；叶柄长1~4mm；托叶不明显，三角形。雌雄同株，有时同序，聚伞花序密集成近头状；雄花具梗，花被片4，卵形，雄蕊4，退化雌蕊不明显；雌花更小，花被片3，稍不等长，退化雄蕊不明显。瘦果，卵形，长约0.4mm，熟时变褐色，光滑。

花果期　花期6~8月，果期9~10月。

分　布　桂东、桂西、桂南、桂北。广东、福建、江西、浙江、台湾也有分布。

繁殖方法　种子繁殖、扦插繁殖。

入药部位　全草。

功　效　清热解毒。

雾水葛

荨麻科Urticaceae　　雾水葛属*Pouzolzia*

Pouzolzia zeylanica (L.) Benn. et R. Br.

识别特征　多年生草本。茎通常在基部或下部有1~3对对生的长分枝，枝条不分枝或有少数极短的分枝，有短伏毛，或混有开展的疏柔毛。单叶，全部对生，或茎顶部的对生；叶片卵形或宽卵形，长1.2~3.8cm，宽0.8~2.6cm，短分枝的叶很小，长约6mm，先端短渐尖或微钝，基部圆形，边缘全缘，两面有疏伏毛，侧脉1对；叶柄长0.3~1.6cm。团伞花序通常两性；雄花有短梗，花被片4，狭长圆形或长圆状倒披针形，雄蕊4，退化雌蕊狭倒卵形；雌花花被椭圆形或近菱形，果期呈菱状卵形。瘦果，卵球形，淡黄白色，上部褐色，或全部黑色。

花果期　花期7~8月，果期8~10月。

分　布　桂西、桂南、桂北、桂中。云南、广东、福建、江西、浙江、安徽、湖北、湖南、四川、甘肃也有分布。

繁殖方法　种子繁殖。

入药部位　全草。

功　效　清热解毒，消肿排脓，利水通淋。

葎草

大麻科Cannabinaceae　　葎草属*Humulus*

Humulus scandens (Lour.) Merr.

识别特征　缠绕草本。茎、枝、叶柄均具倒钩刺。单叶对生，叶片肾状五角形，掌状5~7深裂，稀为3裂，长宽7~10cm，基部心形，表面粗糙，疏生糙伏毛，背面有柔毛和黄色腺体，裂片卵状三角形，边缘具锯齿；叶柄长5~10cm。雄花黄绿色，圆锥花序；雌花序球果状，苞片三角形，具白色茸毛，子房为苞片包围，柱头2。瘦果，成熟时露出苞片外。

花果期　花期春夏，果期秋季。

分　布　广西各地。安徽、重庆、福建、广东、贵州、海南、河北、黑龙江、河南、湖北、湖南、江苏、江西、吉林、辽宁、陕西、山东、山西、四川、台湾、西藏、云南、浙江也有分布。

繁殖方法　种子繁殖。

入药部位　全草。

功　效　清热解毒，利尿通淋。

乌蔹莓

葡萄科Vitaceae　　乌蔹莓属*Cayratia*

Cayratia japonica (Thunb.) Gagnep.

识别特征　草质藤本。小枝具纵棱纹。卷须2~3叉分枝，相隔2节间断与叶对生。鸟足状5小叶，中央小叶长椭圆形或椭圆披针形，长2.5~4.5cm，宽1.5~4.5cm，先端急尖或渐尖，基部楔形，侧生小叶椭圆形或长椭圆形，长1~7cm，宽0.5~3.5cm，先端急尖或圆形，基部楔形或近圆形，边缘每侧有6~15个锯齿；侧脉5~9对；叶柄长1.5~10cm；托叶早落。花序腋生，复二歧聚伞花序；花萼碟形；花瓣4，三角状卵圆形；雄蕊4；花盘发达，4浅裂；子房下部与花盘合生，花柱短，柱头微扩大。浆果，近球形，径约1cm。

花果期　花期3~8月，果期8~11月。

分　　布　桂西、桂南。陕西、河南、山东、安徽、江苏、浙江、湖北、湖南、福建、台湾、广东、海南、四川、贵州、云南也有分布。

繁殖方法　种子繁殖、扦插繁殖。

入药部位　根或全草。

功　　效　清热利湿，解毒消肿。

白粉藤

葡萄科Vitaceae　　白粉藤属*Cissus*

Cissus repens Lam.

识别特征　草质藤本。小枝圆柱形，有纵棱纹，常被白粉。卷须二叉分枝，相隔2节间断与叶对生。单叶对生，叶片心状卵圆形，长5~13cm，宽4~9cm，先端急尖或渐尖，基部心形，边缘每侧有9~12个细锐锯齿；基出脉3~5；叶柄长2.5~7cm；托叶褐色，肾形。花序顶生或与叶对生，二级分枝4~5集生成伞形；花萼杯形；花瓣4，卵状三角形；雄蕊4；花盘明显，微4裂；子房下部与花盘合生，花柱近钻形。浆果，倒卵圆形，长0.8~1.2cm，宽0.4~0.8cm。

花果期　花期7~10月，果期10月至翌年5月。

分　布　桂南、桂北、桂西。广东、贵州、云南也有分布。

繁殖方法　扦插繁殖、压条繁殖。

入药部位　藤茎或块根。

功　效　清热解毒，行血散结。

倒地铃

无患子科Sapindaceae　　倒地铃属*Cardiospermum*

Cardiospermum halicacabum L.

识别特征　攀缘藤本。茎、枝绿色，有5或6棱和直槽，棱上被皱曲柔毛。二回三出复叶；叶柄长3~4cm；小叶近无柄，顶生小叶斜披针形或近菱形，长3~8cm，宽1.5~2.5cm，先端渐尖，侧生的稍小，卵形或长椭圆形，边缘有疏锯齿或羽状分裂。圆锥花序，与叶近等长或稍长，卷须螺旋状；萼片4，外面2片圆卵形，内面2片长椭圆形；花瓣乳白色，倒卵形；雄蕊（雄花）花丝被柔毛；子房（雌花）倒卵形或有时近球形，被短柔毛。蒴果，梨形、陀螺状倒三角形或有时近长球形，高1.5~3cm，宽2~4cm，褐色，被短柔毛。

花果期　花期夏秋，果期秋季至初冬。

分　布　广西各地。福建、台湾、广东、香港、海南、云南、贵州、湖北、湖南也有分布。

繁殖方法　种子繁殖。

入药部位　全草。

功　效　清热利湿，凉血解毒。

积雪草

伞形科Apiaceae　积雪草属*Centella*

Centella asiatica (L.) Urb.

识别特征　多年生草本。茎匍匐，节上生根。单叶，叶片圆形、肾形或马蹄形，长1~2.8cm，宽1.5~5cm，边缘有钝锯齿，基部阔心形；掌状脉5~7；叶柄长1.5~27cm，基部叶鞘透明，膜质。伞形花序梗2~4个，聚生于叶腋；每一伞形花序有花3~4，聚集呈头状；花瓣卵形，紫红色或乳白色；花丝短于花瓣，与花柱等长。果实两侧扁压，圆球形，基部心形至平截形，长2.1~3mm，宽2.2~3.6mm，每侧有纵棱数条。

花果期　4~10月。

分　布　广西各地。陕西、江苏、安徽、浙江、江西、湖南、湖北、福建、台湾、广东、四川、云南也有分布。

繁殖方法　种子繁殖、分株繁殖。

入药部位　全草。

功　效　清热利湿，解毒消肿。

刺芹

伞形科Apiaceae　　刺芹属*Eryngium*

Eryngium foetidum L.

别名：刺芫荽

识别特征　二或多年生草本。茎绿色，有数条槽纹，上部有3~5歧聚伞式分枝。基生叶披针形或倒披针形不分裂，长5~25cm，宽1.2~4cm，先端钝，基部渐窄有膜质叶鞘，边缘有骨质尖锐锯齿，羽状网脉；叶柄短，基部有鞘可达3cm；茎生叶着生于每一叉状分枝基部，对生，无柄，边缘有深锯齿，齿尖刺状，顶端不分裂或3~5深裂。头状花序生于茎的分叉处及上部枝条短枝上，圆柱形；总苞片4~7，叶状，披针形，边缘有1~3刺状锯齿；萼齿卵状披针形至卵状三角形；花瓣与萼齿近等长，倒披针形至倒卵形，白色、淡黄色或草绿色；花柱直立或稍向外倾斜。果卵圆形或球形，长1.1~1.3mm，宽1.2~1.3mm，表面有瘤状凸起。

花果期　4~12月。

分　布　桂东、桂西、桂南。广东、贵州、云南也有分布。

繁殖方法　种子繁殖、分株繁殖。

入药部位　全草。

功　效　发表止咳，透疹解毒，理气止痛，利尿消肿。

红马蹄草

伞形科Apiaceae 天胡荽属*Hydrocotyle*

Hydrocotyle nepalensis Hook.

别名：水钱草、大雷公根

识别特征 多年生草本。茎匍匐，有斜上分枝，节上生根。单叶互生，叶片圆形或肾形，长2~5cm，宽3.5~9cm，边缘通常5~7浅裂，裂片有钝锯齿，基部心形，掌状脉7~9；叶柄长4~27cm；托叶膜质。伞形花序数个簇生于茎端叶腋；小伞形花序有花20~60，常密集成球形的头状花序；花柄基部有卵形或倒卵形的小总苞片；无萼齿；花瓣卵形，白色或乳白色；花柱幼时内卷，花后向外反曲。果长1~1.2mm，宽1.5~1.8mm，基部心形，两侧扁压，成熟后常呈黄褐色或紫黑色。

花果期 5~11月。

分　布 广西各地。陕西、安徽、浙江、江西、湖南、湖北、广东、四川、贵州、云南、西藏也有分布。

繁殖方法 分株繁殖。

入药部位 全草。

功　效 清热利湿，化痰止血，解毒。

满天星

伞形科Apiaceae　天胡荽属*Hydrocotyle*

Hydrocotyle sibthorpioides Lam.

别名：天胡荽

识别特征　多年生草本，有气味。茎匍匐、铺地，节上生根。单叶互生，叶片圆形或肾圆形，长0.5~1.5cm，宽0.8~2.5cm，基部心形，两耳有时相接，不分裂或5~7裂，裂片阔倒卵形，边缘有钝齿；叶柄长0.7~9cm；托叶略呈半圆形。伞形花序与叶对生，单生于节上；小伞形花序有花5~18；花瓣卵形，绿白色；花丝与花瓣同长或稍超出，花药卵形。果实略呈心形，长1~1.4mm，宽1.2~2mm，两侧扁压，幼时草黄色，成熟时有紫色斑点。

花果期　4~9月。

分　布　广西各地。陕西、江苏、安徽、浙江、江西、福建、湖南、湖北、广东、台湾，四川、贵州、云南也有分布。

繁殖方法　种子繁殖、分株繁殖、扦插繁殖。

入药部位　全草。

功　效　清热利湿，解毒消肿。

眼树莲

萝藦科Asclepiadaceae　　眼树莲属*Dischidia*

Dischidia chinensis Champ. ex Benth.

别名：瓜子金

识别特征　附生藤本，常攀附于树上或石上。全株具乳汁。茎肉质，节上生根，绿色，无毛。单叶对生，叶片肉质，卵圆状椭圆形，长1.5~2.5cm，宽1cm，先端圆形，基部楔形；叶柄长约2mm。聚伞花序腋生，近无柄，有瘤状凸起；花萼裂片卵圆形；花冠黄白色，坛状，裂片三角状卵形；副花冠裂片锚状，具柄，顶端2裂，裂片线形，展开而下折；花粉块长圆状。蓇葖果，披针状圆柱形，长5~8cm，径4mm。

花果期　花期4~5月，果期5~6月。

分　　布　桂东、桂西、桂南。广东也有分布。

繁殖方法　种子繁殖。

入药部位　全草。

功　　效　清肺化痰，凉血解毒。

阔叶丰花草

茜草科Rubiaceae　　丰花草属*Borreria*

Borreria latifolia (AuBlume) K. Schum.

识别特征　多年生、披散、粗壮草本。全株被毛。茎和枝明显四棱形，棱上具狭翅。单叶对生，叶片椭圆形或卵状长圆形，长度变化大，长2~7.5cm，宽1~4cm，先端锐尖或钝，基部阔楔形而下延，边缘波浪形；侧脉每边5~6条；叶柄长4~10mm，扁平；托叶被粗毛，顶部有数条长于鞘的刺毛。花数朵丛生于托叶鞘内；萼管圆筒形，被粗毛，萼檐4裂；花冠漏斗形，浅紫色，稀白色，顶部4裂；柱头2，裂片线形。蒴果，椭圆形，长约3mm，径约2mm，被毛。

花果期　5~11月。

分　布　广西各地。福建、广东、海南、台湾、浙江也有分布。

繁殖方法　种子繁殖。

入药部位　全草。

功　效　清热解毒，截疟。

伞房花耳草

茜草科Rubiaceae　耳草属*Hedyotis*

Hedyotis corymbosa (L.) Lam.

识别特征　一年生柔弱披散草本。茎和枝方形，分枝多。单叶对生，近无柄，叶片线形，稀狭披针形，长1~2cm，宽1~3mm，先端短尖，基部楔形，干时边缘背卷；托叶膜质，鞘状，先端有数条短刺。花序腋生，伞房花序式排列，有花2~4朵，稀退化为单花；花4数；萼管球形，萼檐裂片狭三角形；花冠白色或粉红色，管形，花冠裂片长圆形，短于冠管；雄蕊生于冠管；柱头2裂。蒴果，球形，径1.2~1.8mm，有不明显纵棱数条。

花果期　几全年。

分　布　桂东、桂南、桂北、桂中。广东、海南、福建、浙江、贵州、四川也有分布。

繁殖方法　种子繁殖。

入药部位　全草。

功　效　清热解毒。

茜草

茜草科Rubiaceae　　茜草属*Rubia*

Rubia cordifolia L.

识别特征　攀缘藤本。茎数至多条，细长，方柱形，有4棱，棱上生倒生皮刺。单叶，通常4片轮生，叶片披针形或长圆状披针形，长0.7~3.5cm，先端渐尖，基部心形，边缘有齿状皮刺，两面粗糙，脉上有微小皮刺；基出脉3条；叶柄长通常1~2.5cm，有倒生皮刺。聚伞花序腋生和顶生，多回分枝，有花10余朵至数十朵，花序和分枝有微小皮刺；花冠淡黄色，花冠裂片近卵形。浆果，球形，径通常4~5mm，成熟时橘黄色。

花果期　花期8~9月，果期10~11月。

分　布　桂北、桂西、桂中、桂南。安徽、甘肃、河北、湖南、青海、山东、山西、四川、西藏、云南也有分布。

繁殖方法　种子繁殖、扦插繁殖。

入药部位　根、根茎。

功　效　凉血止血，祛瘀通经。

下田菊

菊科Asteraceae　　下田菊属*Adenostemma*

Adenostemma lavenia (L.) Kuntze.

识别特征　一年生草本。茎直立，单生，通常自上部叉状分枝，被白色短柔毛。基部的叶花期生存或凋萎；中部的茎叶较大，叶片长椭圆状披针形，长4~12cm，宽2~5cm，先端急尖或钝，基部宽或狭楔形，叶柄有狭翼，长0.5~4cm，边缘有圆锯齿；上部和下部的叶渐小，有短叶柄。头状花序小，少数稀多数在假轴分枝顶端排列成松散伞房状或伞房圆锥状花序；总苞半球形；总苞片2层，近等长，狭长椭圆形，绿色；花冠下部被黏质腺毛，上部扩大，有5齿。瘦果，倒披针形，长约4mm，宽约1mm，熟时黑褐色。

花 果 期　8~10月。

分　　布　广西各地。江苏、浙江、安徽、福建、台湾、广东、江西、湖南、贵州、四川、云南也有分布。

繁殖方法　种子繁殖。

入药部位　全草。

功　　效　清热利湿，解毒消肿。

藿香蓟

菊科Asteraceae　　藿香蓟属*Ageratum*

Ageratum conyzoides L.

别名：胜红蓟、臭草

识别特征　一年生草本。茎枝淡红色，或上部绿色，被白色尘状短柔毛或上部被稠密开展的长茸毛。单叶对生，有时上部互生，常有腋生的不发育叶芽；中部茎叶卵形或椭圆形或长圆形，长3~8cm，宽2~5cm；全部叶基部钝或宽楔形，基出三脉或不明显五出脉，先端急尖，边缘圆锯齿，有长1~3cm的叶柄，两面被白色稀疏的短柔毛且有黄色腺点，上部叶的叶柄或腋生幼枝及腋生枝上的小叶叶柄通常被白色稠密开展的长柔毛。头状花序4~18个在茎顶排成通常紧密的伞房状花序；总苞片2层，长圆形或披针状长圆形；花冠檐部5裂，淡紫色。瘦果，黑褐色，5棱，长1.2~1.7mm。

花果期　全年。

分　布　广西各地。广东、云南、贵州、四川、江西、福建也有分布。

繁殖方法　种子繁殖。

入药部位　全草。

功　效　清热解毒，止血止痛。

白花鬼针草

菊科Asteraceae　　鬼针草属*Bidens*

Bidens alba (L.) DC.

识别特征　一年生草本。茎钝四棱形，下部叶较小，单叶，3裂或不分裂，对生，中部叶具长1.5~5cm无翅的柄，三出，对生，小叶3枚，稀为具5~7小叶的羽状复叶，两侧小叶椭圆形或卵状椭圆形，长2~4.5cm，宽1.5~2.5cm，先端锐尖，基部近圆形或阔楔形，具短柄，边缘有锯齿，顶生小叶长椭圆形或卵状长圆形，长3.5~7cm，先端渐尖，基部渐狭或近圆形，具长1~2cm的柄，边缘有锯齿，上部叶小，3裂或不分裂，条状披针形。头状花序；总苞基部被短柔毛；苞片7~8枚，条状匙形；舌状花5~7枚，舌片椭圆状倒卵形，白色，先端钝或有缺刻；盘花筒状，冠檐5齿裂。瘦果，黑色，条形，具棱，长7~13mm，宽约1mm，顶端芒刺3~4枚。

花果期　全年。

分　　布　广西各地。安徽、福建、甘肃、广东、贵州、海南、河北、河南、湖北、湖南、江西、辽宁、陕西、山东、山西、四川、台湾、西藏、云南、浙江也有分布。

繁殖方法　种子繁殖。

入药部位　全草。

功　　效　清热解毒，利湿退黄。

东风草

菊科Asteraceae　艾纳香属*Blumea*

Blumea megacephala (Randeria) C. C. Chang et Y. Q. Tseng

别名：大头艾纳香

识别特征　攀缘藤本。茎多分枝，有明显的沟纹。单叶互生，下部和中部叶有长达2~5mm的柄，叶片卵形、卵状长圆形或长椭圆形，长7~10cm，宽2.5~4cm，基部圆形，先端短尖，边缘有疏细齿或点状齿，侧脉5~7对；上部叶较小，椭圆形或卵状长圆形，长2~5cm，宽1~1.5cm，具短柄，边缘有细齿。头状花序，通常1~7个在腋生小枝顶端排列成总状或近伞房状花序，再排成大型圆锥花序；总苞半球形；总苞片5~6层，外层卵形，中层线状长圆形；花托平，被白色密长柔毛；花黄色，雌花多数，细管状，檐部2~4齿裂，裂片顶端浑圆；两性花花冠管状，被白色多细胞节毛，檐部5齿裂，裂片三角形。瘦果，圆柱形，有10条棱，长约1.5mm。

花果期　8~12月。

分　布　广西各地。云南、四川、贵州、广东、湖南、江西、福建、台湾也有分布。

繁殖方法　种子繁殖。

入药部位　全草。

功　效　清热明目，解毒消肿，祛风止痒。

石胡荽

菊科Asteraceae　石胡荽属*Centipeda*

Centipeda minima (L.) A. Braun et Asch.

别名：鹅不食草

识别特征　一年生草本。茎多分枝，匍匐状。单叶互生，楔状倒披针形，长7~18mm，先端钝，基部楔形，边缘有少数锯齿。头状花序小，扁球形，单生于叶腋；总苞半球形；总苞片2层，椭圆状披针形，绿色；边缘花雌性，多层，花冠细管状，淡绿黄色，先端2~3微裂；盘花两性，花冠管状，先端4深裂，淡紫红色。瘦果，椭圆形，长约1mm，具4棱，棱上有长毛。

花果期　6~10月。

分　布　广西各地。安徽、重庆、福建、广东、贵州、海南、河南、湖北、湖南、江苏、江西、陕西、山东、四川、台湾、云南、浙江也有分布。

繁殖方法　种子繁殖。

入药部位　全草。

功　效　祛风通窍，解毒消肿。

飞机草

菊科Asteraceae　香泽兰属*Chromolaena*

Chromolaena odoratum (L.) R. King et H. Rob.

识别特征　多年生草本。茎有细条纹；分枝，常对生，水平射出，与主茎成直角；全部茎枝被稠密黄色茸毛或短柔毛。单叶对生，叶片卵形、三角形或卵状三角形，长4~10cm，宽1.5~5cm，有长1~2cm叶柄，两面被长柔毛及红棕色腺点，基部平截或浅心形或宽楔形，先端急尖，基出三脉，边缘有粗大而不规则的圆锯齿或全缘或仅一侧有锯齿或每侧各有一个粗大的圆齿或三浅裂状，花序下部的叶小，常全缘。头状花序多数或少数在茎顶或枝端排成伞房状或复伞房状花序；花序梗密被稠密的短柔毛；总苞圆柱形；总苞片3~4层，外层苞片卵形，中层及内层苞片长圆形；花白色或粉红色。瘦果，黑褐色，长4mm，5棱。

花果期　4~12月。

分　布　桂东、桂西、桂南、桂中。福建、广东、海南、云南也有分布。

繁殖方法　种子繁殖。

入药部位　全草。

功　效　散瘀消肿，解毒，止血。

野菊

菊科Asteraceae　茼蒿属*Chrysanthemum*

Chrysanthemum indicum L.

识别特征　多年生草本。茎有分枝或仅在茎顶有伞房状花序分枝。基生叶和下部叶花期脱落；中部茎叶卵形、长卵形或椭圆状卵形，长3~10cm，宽2~7cm，羽状半裂、浅裂或分裂不明显而边缘有浅锯齿，基部截形或稍心形或宽楔形；叶柄长1~2cm，柄基无耳或有分裂的叶耳。头状花序，多数在茎枝顶端排成疏松的伞房圆锥花序或少数在茎顶排成伞房花序；总苞片约5层，外层卵形或卵状三角形，中层卵形，内层长椭圆形；舌状花黄色，顶端全缘或2~3齿。瘦果，长1.5~1.8mm。

花 果 期　花期6~10月，果期10~11月。

分　　布　广西各地。安徽、福建、广东、贵州、河北、黑龙江、河南、湖北、湖南、江苏、江西、山东、四川、台湾、云南也有分布。

繁殖方法　种子繁殖、分株繁殖、扦插繁殖。

入药部位　花。

功　　效　清热解毒。

野茼蒿

菊科Asteraceae　　野茼蒿属*Crassocephalum*

Crassocephalum crepidioides (Benth.) S. Moore

识别特征　一年生直立草本。茎有纵条棱。单叶互生，叶片椭圆形或长圆状椭圆形，长7~12cm，宽4~5cm，先端渐尖，基部楔形，边缘有不规则锯齿或重锯齿，或有时基部羽状裂；叶柄长2~2.5cm。头状花序数个在茎端排成伞房状，总苞钟状，基部截形，有数枚不等长的线形小苞片；总苞片1层，线状披针形；小花全部管状，两性，花冠红褐色或橙红色，檐部5齿裂。瘦果，狭圆柱形，赤红色，有肋，被毛。

花果期　7~12月。

分　　布　广西各地。江西、福建、湖南、湖北、广东、贵州、云南、四川、西藏也有分布。

繁殖方法　种子繁殖。

入药部位　全草。

功　　效　清热解毒，健脾消肿。

鱼眼草

菊科Asteraceae　　鱼眼草属*Dichrocephala*

Dichrocephala auriculata (Thunb.) Druce

别名：茯苓菜、山胡椒菊

识别特征　一年生草本。茎枝被白色茸毛。单叶互生，叶片卵形、椭圆形或披针形；中部茎叶长3~12cm，宽2~4.5cm，大头羽裂，顶裂片宽大，宽达4.5cm，侧裂片1~2对，通常对生而少有偏斜的，基部渐狭成具翅的长或短柄，柄长1~3.5cm。自中部向上或向下的叶渐小同形；基部叶通常不裂，常卵形。全部叶缘具重粗锯齿或缺刻状。头状花序，球形，生枝端，多数头状花序在枝端或茎顶排列成伞房状花序或伞房状圆锥花序；总苞片1~2层，长圆形或长圆状披针形；外围雌花多层，紫色，花冠线形，顶端通常2齿；中央两性花黄绿色，管部短，檐部长钟状，顶端4~5齿。瘦果，压扁，倒披针形。

花果期　全年。

分　布　桂东、桂西、桂南、桂北。云南、四川、贵州、陕西、湖北、湖南、广东、浙江、福建、台湾也有分布。

繁殖方法　种子繁殖。

入药部位　全草。

功　效　清热解毒，祛风明目。

鳢肠

菊科Asteraceae　　鳢肠属*Eclipta*

Eclipta prostrata (L.) L.

别名：旱莲菜、墨菜

识别特征　一年生草本。茎通常自基部分枝，被贴生糙毛。单叶对生，叶片长圆状披针形或披针形，无柄或有极短的柄，长3~10cm，宽0.5~2.5cm，先端尖或渐尖，边缘有细锯齿或有时仅波状，两面被密硬糙毛。头状花序；总苞球状钟形；总苞片绿色，5~6个排成2层，长圆形或长圆状披针形，背面及边缘被白色短伏毛；外围的雌花2层，舌状，舌片顶端2浅裂或全缘；中央的两性花多数，花冠管状，白色，顶端4齿裂；花托凸，有披针形或线形的托片。瘦果，暗褐色，长2.8mm，雌花的瘦果三棱形，两性花的瘦果扁四棱形。

花果期　花期6~9月，果期9~10月。

分　布　广西各地。全国各地均有分布。

繁殖方法　种子繁殖。

入药部位　全草。

功　效　滋补肝肾，凉血止血。

地胆草

菊科Asteraceae　地胆草属*Elephantopus*

Elephantopus scaber L.

别名：红花地胆草

识别特征　多年生草本。根状茎具多数纤维状根；茎密被白色贴生长硬毛。基部叶花期生存，莲座状，匙形或倒披针状匙形，长5~18cm，宽2~4cm，先端圆钝，或具短尖，基部渐狭成宽短柄，边缘具圆齿状锯齿；茎叶倒披针形或长圆状披针形，向上渐小，全部叶上面被疏长糙毛，下面密被长硬毛和腺点。头状花序，在茎或枝端束生成团球状的复头状花序，基部被3个叶状苞片所包围；苞片绿色，宽卵形或长圆状卵形；总苞片绿色或上端紫红色，长圆状披针形；花4个，淡紫色或粉红色。瘦果，长圆状线形，长约4mm，先端截形，具棱。

花果期　花期7~11月，果期11月至翌年2月。

分　布　广西各地。浙江、江西、福建、台湾、湖南、广东、贵州、云南也有分布。

繁殖方法　种子繁殖、分株繁殖、扦插繁殖。

入药部位　全草。

功　效　清热解毒，利尿消肿。

一点红

菊科Asteraceae　　一点红属*Emilia*

Emilia sonchifolia DC.

识别特征　一年生草本。根垂直。茎灰绿色。单叶，下部叶密集，大头羽状分裂，长5~10cm，宽2.5~6.5cm，顶生裂片大，宽卵状三角形，先端钝或近圆形，具不规则的齿，侧生裂片通常1对，长圆形或长圆状披针形，先端钝或尖，具波状齿，上面深绿色，下面常变紫色，两面被短卷毛；中部茎叶较小，卵状披针形或长圆状披针形，无柄，基部箭状抱茎，先端急尖，全缘或有不规则细齿；上部叶线形。头状花序，在开花前下垂，花后直立，通常2~5，在枝端排列成疏伞房状；总苞片1层，8~9，长圆状线形或线形，黄绿色，约与小花等长；小花粉红色或紫色，管部细长，檐部5深裂。瘦果，圆柱形，长3~4mm，具5棱。

花 果 期　7~10月。

分　　布　广西各地。云南、贵州、四川、湖北、湖南、江苏、浙江、安徽、广东、海南、福建、台湾也有分布。

繁殖方法　种子繁殖、分株繁殖、扦插繁殖。

入药部位　全草。

功　　效　清热解毒，利尿消炎。

鼠麹草

菊科Asteraceae　　鼠麹草属*Gnaphalium*

Gnaphalium affine D. Don

别名：贴生鼠麹草

识别特征　一年生草本。茎被白色厚绵毛。单叶，无柄，叶片匙状倒披针形或倒卵状匙形，长5~7cm，宽11~14mm，上部的叶长15~20mm，宽2~5mm，基部渐狭，稍下延，先端圆，具刺尖头，两面被白色绵毛，叶脉1条。头状花序，近无柄，在枝顶密集成伞房花序；花黄色至淡黄色；总苞钟形；总苞片2~3层，金黄色或柠檬黄色，外层倒卵形或匙状倒卵形，内层长匙形；雌花多数，花冠细管状，花冠顶端3齿裂；两性花较少，管状，檐部5浅裂，裂片三角状渐尖。瘦果，倒卵形或倒卵状圆柱形，长约0.5mm，有乳头状突起。

花果期　花期1~4月，果期8~11月。

分　布　广西各地。河北、河南、山东、江苏、安徽、浙江、福建、台湾、江西、广东、海南、湖南、湖北、四川、云南、贵州、西藏、甘肃、陕西、山西也有分布。

繁殖方法　种子繁殖。

入药部位　全草。

功　效　化痰止咳，祛风除湿，解毒。

匙叶鼠麹草

菊科Asteraceae　　鼠麹草属*Gnaphalium*

Gnaphalium pensylvanicum Willd.

识别特征　一年生草本。茎被白色绵毛。单叶，下部叶无柄，倒披针形或匙形，长6~10cm，宽1~2cm，基部长渐狭，下延，先端钝、圆，或有时中脉延伸呈刺尖状，全缘或微波状，下面密被灰白色绵毛，侧脉2~3对；中部叶倒卵状长圆形或匙状长圆形，长2.5~3.5cm，叶片于中上部向下渐狭而长下延，先端钝、圆或中脉延伸呈刺尖状；上部叶小，与中部叶同形。头状花序，数个成束簇生，再排列成顶生或腋生、紧密的穗状花序；总苞片2层，污黄色或麦秆黄色，外层卵状长圆形，内层线形；雌花多数，花冠丝状，顶端3齿裂；两性花少数，花冠管状，檐部5浅裂，裂片三角形或有时顶端近浑圆。瘦果，长圆形，长约0.5mm。

花果期　花期12月至翌年5月。

分　布　桂东、桂南、桂北、桂中。台湾、浙江、福建、江西、湖南、广东、云南、四川也有分布。

繁殖方法　种子繁殖。

入药部位　全草。

功　效　清热解毒，祛风除湿，化痰止咳。

泥胡菜

菊科Asteraceae　　泥胡菜属*Hemistepta*

Hemistepta lyrata (Bunge) Bunge

识别特征　一年生草本。单叶，基生叶长椭圆形或倒披针形，花期通常枯萎；中下部茎叶与基生叶同形，长4~15cm或更长，宽1.5~5cm或更宽，全部叶大头羽状深裂或几全裂，侧裂片2~6对，倒卵形、长椭圆形、匙形、倒披针形或披针形，向基部的侧裂片渐小；有时全部茎叶不裂或下部茎叶不裂，边缘有锯齿或无锯齿；全部茎叶两面异色，上面绿色，下面灰白色，被厚或薄茸毛；基生叶及下部茎叶有长叶柄，叶柄长达8cm，柄基扩大抱茎，上部茎叶的叶柄渐短，最上部茎叶无柄。头状花序在茎枝顶端排成疏松伞房花序；总苞片多层，最外层长三角形，外层及中层椭圆形或卵状椭圆形，最内层线状长椭圆形或长椭圆形；小花紫色或红色，花冠檐部深5裂，花冠裂片线形。瘦果，楔状或偏斜楔形，长2.2mm，深褐色，有13~16条粗细不等的突起的尖细肋。

花果期　3~8月。

分　布　桂西、桂南、桂北。安徽、福建、甘肃、广东、贵州、海南、河北、黑龙江、河南、湖北、湖南、江苏、吉林、辽宁、陕西、山东、山西、四川、台湾、云南、浙江也有分布。

繁殖方法　种子繁殖。

入药部位　全草。

功　效　清热解毒，散结消肿。

马兰

菊科Asteraceae　　马兰属*Kalimeris*

Kalimeris indica (L.) Sch. Bip.

别名：路边菊

识别特征　多年生草本。茎直立，有分枝。基部叶在花期枯萎；茎部叶倒披针形或倒卵状矩圆形，长3~6cm，宽0.8~2cm，先端钝或尖，基部渐狭成具翅的长柄，边缘从中部以上具有小尖头的钝或尖齿或羽状裂片，上部叶小，全缘，基部急狭无柄。头状花序单生于枝端并排列成疏伞房状；总苞半球形；总苞片2~3层，外层倒披针形，内层倒披针状矩圆形；舌状花1层，15~20个，舌片浅紫色；管状花管部被短密毛。瘦果，倒卵状矩圆形，长1.5~2mm，宽1mm，褐色。

花果期　花期5~9月，果期8~10月。

分　布　广西各地。黑龙江、吉林、江苏、安徽、浙江、福建、江西、河南、湖北、湖南、广东、海南、贵州、云南、四川也有分布。

繁殖方法　种子繁殖、分株繁殖、扦插繁殖。

入药部位　全草、根。

功　效　清热利湿，凉血止血，解毒消肿。

银胶菊

菊科Asteraceae　　银胶菊属*Parthenium*

Parthenium hysterophorus L.

识别特征　一年生草本。茎具条纹，被短柔毛。单叶，下部和中部叶二回羽状深裂，卵形或椭圆形，连叶柄长10~19cm，宽6~11cm，羽片3~4对，卵形，长3.5~7cm，小羽片卵状或长圆状，常具齿，先端略钝，上面被基部为疣状的疏糙毛，下面的毛较密而柔软；上部叶无柄，羽裂，裂片线状长圆形，全缘或具齿，或有时指状3裂，中裂片较大，通常长于侧裂片的3倍。头状花序，在茎枝顶端排成开展的伞房花序；总苞宽钟形或近半球形；总苞片2层，各5个，外层卵形，内层近圆形；舌状花1层，5个，白色，舌片卵形或卵圆形，先端2裂；管状花多数，檐部4浅裂；雄蕊4。瘦果，倒卵形，干时黑色，长约2.5mm。

花果期　4~10月。

分　布　桂东、桂西、桂南、桂中。广东、贵州、云南也有分布。

繁殖方法　种子繁殖。

入药部位　全草。

功　效　解热强壮，通经镇痛。

千里光

菊科Asteraceae　　千里光属*Senecio*

Senecio scandens Buch.-Ham. ex D. Don

识别特征　攀缘草本。茎多分枝。单叶，具柄，叶片卵状披针形至长三角形，长2.5~12cm，宽2~4.5cm，先端渐尖，基部宽楔形、截形、戟形或稀心形，通常具浅或深齿，稀全缘，有时具细裂或羽状浅裂，至少向基部具1~3对较小的侧裂片，侧脉7~9对；叶柄长0.5~2cm；上部叶变小，披针形或线状披针形，先端长渐尖。头状花序有舌状花，在茎枝端排列成顶生复聚伞圆锥花序；分枝和花序梗被短柔毛；总苞圆柱状钟形，具外层苞片；苞片约8，线状钻形。总苞片12~13，线状披针形；舌状花8~10；舌片黄色，长圆形；管状花多数，花冠黄色，檐部漏斗状，裂片卵状长圆形；花药基部有钝耳；花柱顶端截形。瘦果，圆柱形，长3mm，被柔毛。

花 果 期　花期8月至翌年4月，果期翌年2~5月。

分　　布　广西各地。西藏、陕西、湖北、四川、贵州、云南、安徽、浙江、江西、福建、湖南、广东、台湾也有分布。

繁殖方法　种子繁殖、扦插繁殖、压条繁殖。

入药部位　全草。

功　　效　清热解毒，明目利湿。

豨莶

菊科Asteraceae　豨莶属*Siegesbeckia*

Siegesbeckia orientalis L.

识别特征　一年生草本。茎上部的分枝常成复二歧状；全部分枝被灰白色短柔毛。单叶，基部叶花期枯萎；中部叶三角状卵圆形或卵状披针形，长4~10cm，宽1.8~6.5cm，基部阔楔形，下延成具翼的柄，先端渐尖，边缘有规则的浅裂或粗齿，两面被毛，基出三脉；上部叶渐小，卵状长圆形，边缘浅波状或全缘，近无柄。头状花序，多数聚生于枝端，排列成具叶的圆锥花序；总苞阔钟状；总苞片2层，背面被紫褐色头状具柄的腺毛；外层苞片5~6枚，线状匙形或匙形；内层苞片卵状长圆形或卵圆形；花黄色；两性管状花上部钟状，上端有4~5卵圆形裂片。瘦果，倒卵圆形，有4棱，顶端有灰褐色环状突起，长3~3.5mm，宽1~1.5mm。

花 果 期　花期4~9月，果期6~11月。

分　　布　广西各地。陕西、甘肃、江苏、浙江、安徽、江西、湖南、四川、贵州、福建、广东、海南、台湾、云南也有分布。

繁殖方法　种子繁殖。

入药部位　全草。

功　　效　祛风通络，平肝凉血，清热解毒。

金钮扣

菊科Asteraceae　　金钮扣属*Spilanthes*

Spilanthes paniculata Wall. ex DC.

识别特征　一年生草本。茎带紫红色，有明显纵条纹。单叶对生，叶片卵形、宽卵圆形或椭圆形，长3~5cm，宽0.6~2.5cm，先端短尖或稍钝，基部宽楔形至圆形，全缘，波状或具波状钝锯齿，侧脉2~3对；叶柄长3~15mm。头状花序单生或圆锥状排列，卵圆形，有或无舌状花；总苞片约8个，2层，绿色，卵形或卵状长圆形；花托锥形；花黄色；雌花舌状，舌片宽卵形或近圆形，顶端3浅裂；两性花花冠管状，有4~5个裂片。瘦果，长圆形，长1.5~2mm，暗褐色，顶端有1~2个不等长的细芒。

花果期　4~11月。

分　布　桂东、桂西、桂南、桂北。云南、广东、台湾也有分布。

繁殖方法　种子繁殖。

入药部位　全草。

功　效　解毒利湿，止咳平喘，消肿止痛。

肿柄菊

菊科Asteraceae　肿柄菊属*Tithonia*

Tithonia diversifolia A. Gray

识别特征　一年生草本。茎有粗壮分枝，被稠密的短柔毛或通常下部脱毛。单叶互生，叶片卵形或卵状三角形或近圆形，长7~20cm，3~5深裂，有长叶柄，上部的叶有时不分裂，裂片卵形或披针形，边缘有细锯齿，下面被尖状短柔毛，基出脉3。头状花序大，顶生于假轴分枝的长花序梗上；总苞片4层，外层椭圆形或椭圆状披针形，内层苞片长披针形；舌状花1层，黄色，舌片长卵形，顶端有不明显的3齿；管状花黄色。瘦果，长椭圆形，长约4mm，被短柔毛。

花果期　9~11月。

分　布　桂西、桂南。广东、云南也有分布。

繁殖方法　种子繁殖、分株繁殖。

入药部位　茎叶或根。

功　效　清热解毒。

夜香牛

菊科Asteraceae　　斑鸠菊属*Vernonia*

Vernonia cinerea (L.) Less.

识别特征　一或多年生草本。茎具条纹，被灰色贴生短柔毛，具腺。单叶，下部和中部叶具柄，菱状卵形、菱状长圆形，长3~6.5cm，宽1.5~3cm，先端尖或稍钝，基部窄楔状成具翅的柄，边缘有具小尖的疏锯齿，或波状，侧脉3~4对，下面被灰白色或淡黄色短柔毛，两面均有腺点；叶柄长10~20mm；上部叶渐尖，狭长圆状披针形或线形，具短柄或近无柄。头状花序具19~23个花，在茎枝端排列成伞房状圆锥花序；总苞钟状；总苞片4层，绿色或有时变紫色，背面被短柔毛和腺，外层线形，中层线形，内层线状披针形；花淡红紫色，花冠管状，具腺，上部稍扩大，裂片线状披针形。瘦果，圆柱形，长约2mm，顶端截形，被密短毛和腺点。

花 果 期　全年。

分　　布　广西各地。浙江、江西、福建、台湾、湖北、湖南、广东、云南、四川也有分布。

繁殖方法　种子繁殖。

入药部位　全草。

功　　效　疏风散热，凉血解毒，镇静安神。

苍耳

菊科Asteraceae　　苍耳属*Xanthium*

Xanthium sibiricum Patrin ex Widder

识别特征　一年生草本。茎上部有纵沟，被灰白色糙伏毛。单叶互生，叶片三角状卵形或心形，长4~9cm，宽5~10cm，近全缘，或有3~5不明显浅裂，先端尖或钝，基部稍心形或截形，边缘有不规则粗锯齿，基出脉3，脉上和叶下面被糙伏毛，下面苍白色；叶柄长3~11cm。雄性头状花序球形，总苞片长圆状披针形，花托柱状，有多数雄花，花冠钟形，管部上端有5宽裂片，花药长圆状线形；雌性头状花序椭圆形，外层总苞片小，披针形，内层结合成囊状，宽卵形或椭圆形，绿色、淡黄绿色或带红褐色，外面疏生钩状刺，刺极细而直；喙坚硬，锥形。瘦果2，倒卵形。

花果期　花期7~8月，果期9~10月。

分　　布　广西各地。安徽、福建、广东、贵州、海南、河北、黑龙江、河南、湖北、湖南、江苏、江西、吉林、辽宁、内蒙古、宁夏、青海、山西、山东、陕西、四川、台湾、新疆、西藏、云南、浙江也有分布。

繁殖方法　种子繁殖。

入药部位　果实、全草。

功　　效　散风除湿，通鼻窍。

黄鹌菜

菊科Asteraceae　　黄鹌菜属*Youngia*

Youngia japonica (L.) DC.

识别特征　一年生草本。根直伸，生多数须根。茎顶端伞房花序状分枝或下部有长分枝，下部被稀疏的皱波状长毛或短毛。单叶，基生叶倒披针形、椭圆形、长椭圆形或宽线形，长2.5~13cm，宽1~4.5cm，大头羽状深裂或全裂，叶柄长1~7cm；无茎叶或极少有1~2枚茎生叶，与基生叶同形并等样分裂；全部叶及叶柄被皱波状长或短柔毛。头状花序含10~20枚舌状小花，少数或多数在茎枝顶端排成伞房花序；总苞圆柱状；总苞片4层，外层及最外层宽卵形或宽形，内层及最内层披针形；舌状小花黄色。瘦果，纺锤形，褐色或红褐色，长1.5~2mm，有粗细不等的纵肋，肋上有小刺毛。

花 果 期　4~10月。

分　　布　广西各地。北京、陕西、甘肃、山东、江苏、安徽、浙江、江西、福建、河南、湖北、湖南、广东、四川、云南、西藏也有分布。

繁殖方法　种子繁殖、分株繁殖、扦插繁殖。

入药部位　根或全草。

功　　效　清热解毒，利尿消肿。

临时救

报春花科Primulaceae　珍珠菜属*Lysimachia*

Lysimachia congestiflora Hemsl.

别名：黄花草

识别特征　多年生草本。茎下部匍匐，节上生根，上部及分枝上升，圆柱形，密被多细胞卷曲柔毛。单叶对生，茎端的2对密聚，叶片卵形、阔卵形以至近圆形，长0.7~4.5cm，宽0.6~3cm，先端锐尖或钝，基部近圆形或截形，近边缘有暗红色或黑色腺点，侧脉2~4对；叶柄比叶片短。花2~4朵集生茎端和枝端成近头状的总状花序；花萼裂片披针形；花冠黄色，内面基部紫红色，5裂，裂片卵状椭圆形至长圆形；花丝下部合生成筒，花药长圆形。蒴果，球形，径3~4mm。

花果期　花期5~6月，果期7~10月。

分　布　广西各地。安徽、福建、甘肃、广东、贵州、海南、湖北、湖南、江苏、江西、青海、陕西、四川、台湾、西藏、云南、浙江也有分布。

繁殖方法　种子繁殖、分株繁殖。

入药部位　全草。

功　效　祛风散寒，化痰止咳，利湿解毒，消积排石。

星宿菜

报春花科Primulaceae　珍珠菜属*Lysimachia*

Lysimachia fortunei Maxim.

别名：大田基黄

识别特征　多年生草本。根状茎横走，紫红色。茎圆柱形，有黑色腺点，基部紫红色，通常不分枝，嫩梢和花序轴具褐色腺体。单叶互生或对生，近于无柄，叶片长圆状披针形至狭椭圆形，长4~11cm，宽1~2.5cm，先端渐尖或短渐尖，基部渐狭，两面均有黑色腺点。总状花序顶生；花萼分裂近达基部，裂片卵状椭圆形；花冠白色，基部合生，裂片椭圆形或卵状椭圆形；雄蕊花丝贴生于花冠裂片的下部；子房卵圆形，花柱粗短。蒴果，球形，径2~2.5mm。

花果期　花期6~8月，果期8~11月。

分　布　广西各地。福建、广东、海南、湖南、江苏、江西、台湾、浙江也有分布。

繁殖方法　种子繁殖。

入药部位　全草。

功　效　活血散瘀，化湿利水。

车前

车前科Plantaginaceae　　车前属*Plantago*

Plantago asiatica L.

识别特征　二或多年生草本。须根多数。根茎短，稍粗。叶基生呈莲座状，平卧、斜展或直立；叶片宽卵形至宽椭圆形，长4~12cm，宽2.5~6.5cm，先端钝圆至急尖，边缘波状、全缘或中部以下有锯齿、牙齿或裂齿，基部宽楔形或近圆形，多少下延；脉5~7条；叶柄长2~27cm，基部扩大成鞘。花序3~10个；穗状花序细圆柱状；花萼裂片先端钝圆或钝尖；花冠白色，裂片狭三角形，于花后反折；雄蕊与花柱明显外伸。蒴果，纺锤状卵形、卵球形或圆锥状卵形，长3~4.5mm。

花果期　花期4~8月，果期6~9月。

分　　布　广西各地。黑龙江、吉林、辽宁、内蒙古、河北、山西、陕西、甘肃、新疆、山东、江苏、安徽、浙江、江西、福建、台湾、河南、湖北、湖南、广东、海南、四川、贵州、云南、西藏也有分布。

繁殖方法　种子繁殖。

入药部位　全草、种子。

功　　效　全草：清热利尿，凉血解毒，祛痰；种子：清热利尿，渗湿通淋，祛痰明目。

长叶轮钟草

桔梗科Campanulaceae　　土党参属*Cyclocodon*

Cyclocodon lancifolius (Roxb.) Kurz

别名：剑叶金钱豹、黑算盘

识别特征　多年生直立或蔓性草本。茎中空，分枝多而长。单叶对生，偶有3枚轮生，具短柄，叶片卵形、卵状披针形至披针形，长6~15cm，宽1~5cm，先端渐尖，边缘具细尖齿、锯齿或圆齿。花通常单朵顶生兼腋生，有时3朵组成聚伞花序，花梗中上部或在花基部有一对丝状小苞片；花萼仅贴生至子房下部，裂片4~7枚，丝状或条形，边缘有分枝状细长齿；花冠白色或淡红色，管状钟形，5~6裂至中部，裂片卵形至卵状三角形；雄蕊5~6枚；子房4~6室，柱头4~6裂。浆果，球状，熟时紫黑色，径5~10mm。

花果期　7~10月。

分　布　广西各地。云南、四川、贵州、湖北、湖南、广东、福建、台湾也有分布。

繁殖方法　种子繁殖。

入药部位　根。

功　效　益气补虚，祛瘀止痛。

铜锤玉带草

半边莲科Lobeliaceae　　半边莲属*Lobelia*

Lobelia angulata Forst.

识别特征　多年生草本，有白色乳汁。茎平卧，被开展的柔毛，节上生根。单叶互生，叶片圆卵形、心形或卵形，长0.8~1.6cm，宽0.6~1.8cm，先端钝圆或急尖，基部斜心形，边缘有牙齿，叶脉掌状至掌状羽脉；叶柄长2~7mm，生短柔毛。花单生叶腋；花萼筒坛状，裂片条状披针形；花冠紫红色、淡紫色、绿色或黄白色，花冠筒檐部二唇形，裂片5；雄蕊在花丝中部以上连合。浆果，紫红色，椭圆状球形，长1~1.3cm。

花果期　全年。

分　布　广西各地。湖北、湖南、台湾、西藏也有分布。

繁殖方法　种子繁殖、扦插繁殖。

入药部位　全草。

功　效　祛风除湿，活血解毒。

柔弱斑种草

紫草科Boraginaceae　斑种草属*Bothriospermum*

Bothriospermum zeylanicum (J. Jacq.) Druce

识别特征　一年生草本。茎细弱，丛生，多分枝，被向上贴伏的糙伏毛。单叶互生，叶片椭圆形或狭椭圆形，长1~2.5cm，宽0.5~1cm，先端钝，具小尖，基部宽楔形，上下两面被向上贴伏的糙伏毛或短硬毛。花序柔弱，细长；花萼果期增大，外面密生向上的伏毛，裂片披针形或卵状披针形；花冠蓝色或淡蓝色，裂片圆形；花柱圆柱形。小坚果，肾形，长1~1.2mm。

花果期　2~10月。

分　布　桂南、桂中、桂北、桂西。福建、广东、贵州、海南、河北、黑龙江、湖南、江西、吉林、辽宁、内蒙古、宁夏、陕西、山东、山西、四川、台湾、云南、浙江也有分布。

繁殖方法　种子繁殖。

入药部位　全草。

功　效　止咳止血。

大尾摇

紫草科Boraginaceae　天芥菜属*Heliotropium*

Heliotropium indicum L.

识别特征　一年生草本。茎被开展的糙伏毛。单叶，互生或近对生，叶片卵形或椭圆形，长3~9cm，宽2~4cm，先端尖，基部圆形或截形，下延至叶柄呈翅状，叶缘微波状或波状，两面均被短柔毛或糙伏毛，侧脉5~7对；叶柄长2~5cm。镰状聚伞花序，单一，不分枝；花密集，呈2列排列于花序轴的一侧；萼片披针形，被糙伏毛；花冠浅蓝色或蓝紫色，高脚碟状，裂片近圆形，皱波状；花药狭卵形；子房无毛，花柱柱头短，呈宽圆锥体状。核果，具肋棱，长3~3.5mm，深2裂。

花果期　4~10月。

分　布　桂东、桂南。广东、海南、福建、台湾、云南也有分布。

繁殖方法　种子繁殖。

入药部位　全草。

功　效　解毒消肿，利尿。

少花龙葵

茄科Solanaceae　　茄属*Solanum*

Solanum americanum Mill.

识别特征　一或多年生纤弱草本。单叶互生，叶片卵形至卵状长圆形，长4~8cm，宽2~4cm，先端渐尖，基部楔形下延至叶柄而成翅，边缘近全缘，波状或有不规则的粗齿，两面均具疏柔毛；叶柄长1~2cm，具疏柔毛。花序近伞形，腋外生，具微柔毛，着生1~6朵花；花萼绿色，5裂达中部，裂片卵形；花冠白色，筒部隐于萼内，冠檐5裂，裂片卵状披针形；花丝极短，花药黄色，长圆形；子房近圆形，柱头小，头状。浆果，球状，径约5mm，幼时绿色，成熟后黑色。

花果期　几全年。

分　　布　桂东、桂南、桂中。云南、江西、湖南、广东、台湾也有分布。

繁殖方法　种子繁殖。

入药部位　全草。

功　　效　清热利湿，凉血解毒，消炎退肿。

白英

茄科Solanaceae　　茄属*Solanum*

Solanum lyratum Thunb.

别名：千年不烂心

识别特征　草质藤本。茎、小枝、叶柄均密被具节长柔毛。单叶互生，叶片多为琴形，长3.5~5.5cm，宽2.5~4.8cm，基部常3~5深裂，裂片全缘，侧裂片愈近基部的愈小，先端钝，中裂片较大，通常卵形，先端渐尖，两面均被白色发亮的长柔毛，侧脉通常每边5~7条；少数在小枝上部的为心形，小，长1~2cm；叶柄长1~3cm。聚伞花序顶生或腋外生；花萼环状，萼齿5枚，圆形；花冠蓝紫色或白色，花冠筒隐于萼内，冠檐5深裂，裂片椭圆状披针形；花药长圆形；子房卵形，花柱丝状，柱头小，头状。浆果，球状，成熟时红黑色，径约8mm。

花果期　花期6~10月，果期10~11月。

分　布　广西各地。甘肃、陕西、山西、河南、山东、江苏、浙江、安徽、江西、福建、台湾、广东、湖南、湖北、四川、云南也有分布。

繁殖方法　种子繁殖、分株繁殖、扦插繁殖。

入药部位　全草。

功　效　清热解毒，利湿消肿，抗癌。

金灯藤

旋花科Convolvulaceae　菟丝子属*Cuscuta*

Cuscuta japonica Choisy

别名：日本菟丝子、金丝草

识别特征　寄生缠绕草本。茎肉质，黄色，常带紫红色瘤状斑点，无叶。花无柄或几无柄，形成穗状花序，基部常多分枝；花萼碗状，肉质，5裂几达基部，裂片卵圆形或近圆形；花冠钟状，淡红色或绿白色，先端5浅裂，裂片卵状三角形；雄蕊5；子房球状，2室，花柱合生为1，柱头2裂。蒴果，卵圆形，长约5mm，近基部周裂。

花果期　花期8月，果期9月。

分　布　广西各地。安徽、福建、甘肃、广东、贵州、海南、河北、黑龙江、河南、湖北、湖南、江苏、江西、吉林、辽宁、内蒙古、宁夏、青海、陕西、山东、山西、四川、台湾、新疆、云南、浙江也有分布。

繁殖方法　种子繁殖。

入药部位　全草。

功　效　清热解毒，健脾利湿，凉血止血。

五爪金龙

旋花科Convolvulaceae　　番薯属*Ipomoea*

Ipomoea cairica (L.) Sw.

识别特征　缠绕草本。老时根上具块根。单叶互生，掌状5深裂或全裂，裂片卵状披针形、卵形或椭圆形，中裂片较大，长4~5cm，宽2~2.5cm，两侧裂片稍小，先端渐尖或稍钝，具小短尖头，基部楔形渐狭，全缘或不规则微波状，基部1对裂片通常再2裂；叶柄长2~8cm，基部具小的掌状5裂的假托叶（腋生短枝的叶片）。聚伞花序腋生，具1~3花，或偶有3朵以上；萼片稍不等长，外方2片较短，卵形，内萼片稍宽；花冠紫红色、紫色或淡红色，偶有白色，漏斗状；雄蕊不等长；花柱纤细，柱头二球形。蒴果，近球形，高约1cm，2室，4瓣裂。

花果期　花期4~12月，果期5~12月。

分　　布　广西各地。台湾、福建、广东、云南也有分布。

繁殖方法　种子繁殖。

入药部位　茎叶或块根。

功　　效　祛风除湿，祛瘀消肿。

篱栏网

旋花科Convolvulaceae　　鱼黄草属*Merremia*

Merremia hederacea (Burm. f.) Hallier f.

别名：鱼黄草

识别特征　缠绕或匍匐草本。单叶互生，叶片心状卵形，长1.5~7.5cm，宽1~5cm，先端钝，渐尖或长渐尖，具小短尖头，基部心形或深凹，全缘或通常具不规则的粗齿或锐裂齿，有时为深或浅3裂；叶柄长1~5cm。聚伞花序腋生，有花3~5朵，第一次分枝为二歧聚伞式，以后为单歧式；萼片宽倒卵状匙形，或近于长方形；花冠黄色，钟状；雄蕊与花冠近等长；子房球形，花柱与花冠近等长，柱头球形。蒴果，扁球形或宽圆锥形，4瓣裂。

花果期　6~11月。

分　布　桂东、桂西、桂南、桂北。台湾、广东、海南、江西、云南也有分布。

繁殖方法　种子繁殖。

入药部位　全草。

功　效　清热解毒，利咽凉血。

毛麝香

玄参科Scrophulariaceae　毛麝香属*Adenosma*

Adenosma glutinosum (L.) Druce

别名：土茵陈、疥虫药

识别特征　多年生直立草本。全体密被多细胞长柔毛和腺毛。茎圆柱形，上部四方形。单叶对生，上部的互生，叶片披针状卵形至宽卵形，长2~10cm，宽1~5cm，形状、大小均多变异，先端锐尖，基部楔形至截形或心形，边缘具不整齐的齿，有时为重齿，两面被多细胞长柔毛，下面有稠密的黄色腺点；叶柄长3~20mm。花单生叶腋或在茎、枝顶端集成总状花序；花萼5深裂，萼齿全缘，被多细胞长柔毛及腺毛，并有腺点；花冠紫红色或蓝紫色，上唇卵圆形，下唇3裂；花柱向上变宽而具翅。蒴果，卵形，先端具喙，有2纵沟，长5~9.5mm，宽3~6mm。

花果期　7~10月。

分　布　广西各地。江西、福建、广东、云南也有分布。

繁殖方法　种子繁殖。

入药部位　全草。

功　效　祛湿行气，消肿止痛。

钟萼草

玄参科Scrophulariaceae　钟萼草属*Lindenbergia*

Lindenbergia philippensis (Cham. et Schltdl.) Benth.

识别特征　多年生粗壮直立草本。全体被多细胞腺毛。单叶对生，叶片卵形至卵状披针形，长2~8cm，先端急尖或渐尖，基部狭楔形，边缘具尖锯齿；叶柄长6~12mm。花近于无梗，集成顶生穗状总状花序；花萼主脉5条明显，萼齿尖锐，钻状三角形；花冠黄色，二唇形；花药有长药隔；子房顶端及花柱基部被毛。蒴果，长卵形，长5~6mm，密被棕色梗毛。

花果期　11月至翌年3月。

分　布　桂西、桂南、桂中。云南、贵州、广东、湖南、湖北也有分布。

繁殖方法　种子繁殖。

入药部位　叶。

功　效　收湿生肌。

长蒴母草

玄参科Scrophulariaceae　　母草属*Lindernia*

Lindernia anagallis (Burm. f.) Pennell

识别特征　一年生草本。根须状。茎下部匍匐长蔓，节上生根，并有根状茎，有条纹。单叶对生，仅下部者有短柄；叶片三角状卵形、卵形或矩圆形，长4~20mm，宽7~12mm，先端圆钝或急尖，基部截形或近心形，边缘有不明显浅圆齿，侧脉3~4对。花单生于叶腋；花梗在果实达2cm；花萼仅基部联合，萼齿5，狭披针形；花冠白色或淡紫色，上唇直立，卵形，2浅裂，下唇开展，3裂；雄蕊4；柱头2裂。蒴果，条状披针形，比花萼长约2倍，室间2裂。

花果期　花期4~9月，果期6~11月。

分　布　桂东、桂西、桂南、桂中。四川、云南、贵州、广东、湖南、江西、福建、台湾也有分布。

繁殖方法　种子繁殖。

入药部位　全草。

功　效　清热解毒，活血消肿。

母草

玄参科Scrophulariaceae　　母草属*Lindernia*

Lindernia crustacea (L.) F. Muell.

别名：小四方草、四方草

识别特征　一年生草本。枝弯曲上升，微方形，有深沟纹。单叶对生，叶片三角状卵形或宽卵形，长10~20mm，宽5~11mm，先端钝或短尖，基部宽楔形或近圆形，边缘有浅钝锯齿；叶柄长1~8mm。花单生于叶腋或在茎枝之顶成极短的总状花序；花萼坛状，5齿裂，齿三角状卵形；花冠紫色，上唇直立，卵形，钝头，有时2浅裂，下唇3裂；雄蕊4，2强；花柱常早落。蒴果，椭圆形，与宿萼近等长。

花果期　全年。

分　布　广西各地。浙江、江苏、安徽、江西、福建、台湾、广东、海南、云南、西藏、四川、贵州、湖南、湖北、河南也有分布。

繁殖方法　种子繁殖。

入药部位　全草。

功　效　清热利湿，活血止痛。

旱田草

玄参科Scrophulariaceae　　母草属*Lindernia*

Lindernia ruellioides (Colsm.) Pennell

识别特征　一年生草本。茎常分枝而长蔓，节上生根。单叶对生，叶片矩圆形、椭圆形、卵状矩圆形或圆形，长1~4cm，宽0.6~2cm，先端圆钝或急尖，基部宽楔形，边缘除基部外密生整齐而急尖细锯齿，但无芒刺；叶柄长3~20mm，先端渐宽而连于叶片，基部多少抱茎。顶生总状花序，有花2~10朵；花萼仅基部联合，齿条状披针形；花冠紫红色，二唇形，上唇2裂，下唇3裂；前方2枚雄蕊不育，后方2枚能育；花柱有宽扁柱头。蒴果，圆柱形，比宿萼长约2倍。

花 果 期　花期6~9月，果期7~11月。

分　　布　广西各地。台湾、福建、江西、湖北、湖南、广东、贵州、四川、云南、西藏也有分布。

繁殖方法　种子繁殖。

入药部位　全草。

功　　效　理气活血，解毒消肿。

通泉草

玄参科Scrophulariaceae　　通泉草属*Mazus*

Mazus pumilus (Burm. f.) Steenis

识别特征　一年生草本。茎上升或倾卧状上升，着地部分节上常能长出不定根。单叶，基生叶少到多数，有时成莲座状或早落，倒卵状匙形至卵状倒披针形，长2~6cm，基部楔形，下延成带翅的叶柄，边缘具不规则的粗齿或基部有1~2片浅羽裂；茎生叶对生或互生，与基生叶相似或几乎等大。总状花序生于茎、枝顶端，常在近基部生花，通常3~20朵；花萼钟状，萼片与萼筒近等长，卵形；花冠白色、紫色或蓝色，上唇裂片卵状三角形，下唇中裂片倒卵圆形；子房无毛。蒴果，球形。

花果期　4~10月。

分　布　桂西、桂南、桂北、桂中。全国各地均有分布。

繁殖方法　种子繁殖、分株繁殖。

入药部位　全草。

功　效　清热解毒，健胃止痛。

野甘草

玄参科Scrophulariaceae　　野甘草属*Scoparia*

Scoparia dulcis L.

别名：土甘草

识别特征　一或多年生直立草本或半灌木状。茎多分枝。枝有棱角及狭翅。单叶对生或轮生，叶片菱状卵形至菱状披针形，长可达35mm，宽可达15mm，枝上部叶较小而多，先端钝，基部长渐狭，全缘而成短柄，上半部有齿，有时近全缘。花单朵或更多成对生于叶腋；萼齿4裂，卵状矩圆形；花冠白色，有极短的管，瓣片4；雄蕊4；花柱挺直，柱头截形或凹入。蒴果，卵圆形至球形，径2~3mm。

花果期　几全年。

分　布　桂东、桂南、桂北、桂中。广东、云南、福建也有分布。

繁殖方法　种子繁殖。

入药部位　全草。

功　效　疏风清热，利湿止痒。

单色蝴蝶草

玄参科Scrophulariaceae　　蝴蝶草属*Torenia*

Torenia concolor Lindl.

识别特征　多年生匍匐草本。茎具4棱，节上生根。单叶对生，叶片三角状卵形或长卵形，稀卵圆形，长1~4cm，宽0.8~2.5cm，先端钝或急尖，基部宽楔形或近于截形，边缘具锯齿或具带短尖的圆锯齿；叶柄长2~10mm。花单朵腋生或顶生，稀排成伞形花序；花萼具5枚翅，基部下延，萼齿2枚，长三角形，果实成熟时裂成5枚小齿；花冠蓝色或蓝紫色；前方一对花丝各具1枚线状附属物。蒴果，为宿萼所包藏。

花果期　5~11月。

分　布　广西各地。广东、贵州、台湾也有分布。

繁殖方法　种子繁殖、扦插繁殖。

入药部位　全草。

功　效　清热利湿，止咳止呕。

野菰

列当科Orobanchaceae　野菰属*Aeginetia*

Aeginetia indica L.

别名：烟斗草、无叶莲

识别特征　一年生寄生草本。茎黄褐色或紫红色。叶肉红色，卵状披针形或披针形，长5~10mm，宽3~4mm。花常单生茎端，稍俯垂；花梗粗壮，直立，常具紫红色的条纹；花萼一侧裂开至近基部，紫红色、黄色或黄白色，具紫红色条纹；花冠带黏液，常与花萼同色，或有时下部白色，上部带紫色，不明显的二唇形；雄蕊4；子房1室，花柱无毛，柱头膨大，淡黄色，盾状。蒴果，圆锥状或长卵球形，长2~3cm，2瓣开裂。

花果期　花期4~8月，果期8~10月。

分　布　广西各地。江苏、安徽、浙江、江西、福建、台湾、湖南、广东、四川、贵州、云南也有分布。

繁殖方法　种子繁殖。

入药部位　全草。

功　效　清热解毒。

狗肝菜

爵床科Acanthaceae　　狗肝菜属*Dicliptera*

Dicliptera chinensis (L.) Juss.

识别特征　一或二年生草本。茎具6条钝棱和浅沟，节常膨大膝曲状。单叶对生，叶片卵状椭圆形，长2~7cm，宽1.5~3.5cm，先端短渐尖，基部阔楔形或稍下延；叶柄长5~25mm。花序腋生或顶生，由3~4个聚伞花序组成，每个聚伞花序有1至少数花，下面有2枚总苞状苞片；花萼裂片5，钻形；花冠淡紫红色，二唇形，上唇阔卵状近圆形，有紫红色斑点，下唇长圆形，3浅裂；雄蕊2。蒴果，长约6mm，被柔毛。

花果期　花期9月至翌年1月，果期11月至翌年2月。

分　布　广西各地。福建、台湾、广东、海南、香港、澳门、云南、贵州、四川也有分布。

繁殖方法　种子繁殖、扦插繁殖。

入药部位　全草。

功　效　清热利湿，凉血解毒。

九头狮子草

爵床科Acanthaceae　　观音草属*Peristrophe*

Peristrophe japonica (Thunb.) Bremek.

别名：天目山蓝

识别特征　多年生草本。小枝节上和节间均被柔毛。单叶对生，叶片卵状矩圆形，长5~12cm，宽2.5~4cm，先端渐尖或尾尖. 基部钝或急尖。花序顶生或腋生于上部叶腋，由2~10聚伞花序组成，每个聚伞花序下托以2枚总苞状苞片；花萼裂片5，钻形；花冠粉红色至微紫色，二唇形，下唇3裂；雄蕊2。蒴果，长1~1.2cm，疏生短柔毛。

花果期　花期7月至翌年2月，果期7~10月。

分　布　广西各地。安徽、重庆、福建、广东、贵州、海南、河南、湖北、湖南、江苏、江西、四川、台湾、云南、浙江也有分布。

繁殖方法　种子繁殖、分株繁殖。

入药部位　全草。

功　效　清热解毒，祛风定惊，化痰散瘀。

马鞭草

马鞭草科Verbenaceae　　马鞭草属*Verbena*

Verbena officinalis L.

识别特征　多年生草本。茎四方形，节和棱上有硬毛。单叶对生，叶片卵圆形至倒卵形或长圆状披针形，长2~8cm，宽1~5cm，基生叶的边缘通常有粗锯齿和缺刻，茎生叶多数3深裂，裂片边缘有不整齐锯齿，两面均有硬毛。穗状花序顶生和腋生；花萼有硬毛，有5脉；花冠淡紫色至蓝色，裂片5；雄蕊4；子房无毛。小坚果，长圆形，长约2mm。

花果期　花期6~8月，果期7~10月。

分　布　广西各地。山西、陕西、甘肃、江苏、安徽、浙江、福建、江西、湖北、湖南、广东、四川、贵州、云南、新疆、西藏也有分布。

繁殖方法　种子繁殖、扦插繁殖。

入药部位　全草。

功　效　活血散瘀，利水消肿，解毒截疟。

金疮小草

唇形科Lamiaceae　　筋骨草属*Ajuga*

Ajuga decumbens Thunb.

识别特征　一或二年生草本。具匍匐茎，茎被长柔毛，绿色，老茎有时呈紫绿色。基生叶较茎生叶长而大，叶柄长1~2.5cm或以上，具狭翅，呈紫绿色或浅绿色；叶片匙形或倒卵状披针形，长3~14cm，宽1.5~5cm，先端钝至圆形，基部渐狭，下延，边缘具不整齐波状圆齿或几全缘，具缘毛，两面被疏糙伏毛或疏柔毛，侧脉4~5对。轮伞花序多花，排列成间断穗状花序；花萼漏斗状，具10脉，萼齿5，狭三角形或短三角形；花冠淡蓝色或淡红紫色，稀白色，筒状，冠檐二唇形，上唇圆形，下唇3裂；雄蕊4，二强；花盘环状；子房4裂，花柱先端2浅裂。小坚果，倒卵状三棱形，背部具网状皱纹。

花果期　花期3~7月，果期5~11月。

分　布　桂西、桂南、桂北、桂中。安徽、福建、广东、贵州、海南、湖北、湖南、江苏、江西、青海、四川、台湾、云南、浙江也有分布。

繁殖方法　种子繁殖、分株繁殖。

入药部位　全草。

功　效　清热解毒，化痰止咳，凉血散血。

广防风

唇形科Lamiaceae　　广防风属*Anisomeles*

Anisomeles indica (L.) Kuntze

识别特征　一年生直立粗壮草本。茎四棱形，具浅槽，密被白色贴生短柔毛。单叶对生，叶片阔卵圆形，长4~9cm，宽2.5~6.5cm，先端急尖或短渐尖，基部截状阔楔形，边缘有不规则牙齿，上面被短伏毛，下面有极密白色短茸毛；叶柄长1~4.5cm。轮伞花序在主茎及侧枝的顶部排列成长穗状花序；花萼钟形，10脉，齿5，三角状披针形，果时增大；花冠淡紫色，冠檐二唇形，上唇长圆形，下唇3裂；雄蕊近等长；花盘平顶；子房无毛，花柱先端相等2浅裂。小坚果，黑色，具光泽，近圆球形，径约1.5mm。

花果期　花期8~9月，果期9~11月。

分　布　广西各地。广东、贵州、云南、西藏、四川、湖南、江西、浙江、福建、台湾也有分布。

繁殖方法　种子繁殖、分株繁殖、扦插繁殖。

入药部位　全草。

功　效　祛风湿，壮筋骨，消疮毒。

活血丹

唇形科Lamiaceae　　活血丹属*Glechoma*

Glechoma longituba (Nakai) Kuprian.

别名：透骨消

识别特征　多年生草本。具匍匐茎，逐节生根。茎四棱形，基部通常呈淡紫红色。单叶对生，下部较小，叶片心形或近肾形，叶柄长为叶片的1~2倍；上部较大，叶片心形，长1.8~2.6cm，宽2~3cm，先端急尖或钝三角形，基部心形，边缘具圆齿或粗锯齿状圆齿，下面常带紫色，叶柄长为叶片的1.5倍。轮伞花序通常2花；花萼管状，齿5；花冠淡蓝色、蓝色至紫色，下唇具深色斑点，冠檐二唇形，上唇2裂，裂片近肾形，下唇3裂；雄蕊4；花盘杯状；子房4裂，花柱先端近相等2裂。成熟小坚果深褐色，长圆状卵形，长约1.5mm，宽约1mm。

花果期　花期4~5月，果期5~6月。

分　布　广西各地。除青海、甘肃、新疆及西藏外，全国各地均有分布。

繁殖方法　种子繁殖、分株繁殖、扦插繁殖。

入药部位　全草。

功　效　利湿通淋，清热解毒，散瘀消肿。

益母草

唇形科Lamiaceae　　益母草属*Leonurus*

Leonurus japonicus Houtt.

识别特征　一或二年生草本。主根上密生须根。茎钝四棱形，有倒向糙伏毛。单叶对生，叶轮廓变化很大，茎下部叶卵形，基部宽楔形，掌状3裂，裂片长圆状菱形至卵圆形，通常长2.5~6cm，宽1.5~4cm，裂片上再分裂，叶柄长2~3cm，上部具翅，被糙伏毛；茎中部叶菱形，通常分裂成3个或偶有多个长圆状线形裂片，基部狭楔形，叶柄长0.5~2cm。轮伞花序腋生，具8~15花，轮廓圆球形，组成长穗状花序；花萼管状钟形，5脉，齿5；花冠粉红色至淡紫红色，冠檐二唇形，上唇长圆形，下唇3裂；雄蕊4；花盘平顶；子房褐色，花柱先端相等2浅裂。小坚果，长圆状三棱形，长2.5mm，淡褐色。

花果期　花期6~9月，果期9~10月。

分　布　广西各地。全国各地均有分布。

繁殖方法　种子繁殖。

入药部位　地上部分。

功　效　活血调经，利尿消肿。

石荠苎

唇形科Lamiaceae　　石荠苎属*Mosla*

Mosla scabra (Thunb.) C. Y. Wu et H. W. Li

识别特征　一年生草本。茎、枝均四棱形，具细条纹，密被短柔毛。单叶对生，叶片卵形或卵状披针形，长1.5~3.5cm，宽0.9~1.7cm，先端急尖或钝，基部圆形或宽楔形，边缘近基部全缘，自基部以上具锯齿，下面灰白色，密布凹陷腺点；叶柄长3~20mm，被短柔毛。总状花序生于主茎及侧枝上；花萼钟形，二唇形，上唇3齿，卵状披针形，下唇2齿，线形；花冠粉红色，冠檐二唇形，上唇扁平，下唇3裂；雄蕊4；花盘前方呈指状膨大；花柱先端相等2浅裂。小坚果，黄褐色，球形，径约1mm。

花果期　花期5~11月，果期9~11月。

分　布　广西各地。辽宁、陕西、甘肃、河南、江苏、安徽、浙江、江西、湖南、湖北、四川、福建、台湾、广东也有分布。

繁殖方法　种子繁殖。

入药部位　全草。

功　效　疏风解表，除温清暑，解毒止痒。

夏枯草

唇形科Lamiaceae　　夏枯草属*Prunella*

Prunella vulgaris L.

识别特征　多年生草本。茎基部多分枝，钝四棱形，紫红色。茎叶对生，叶片卵状长圆形或卵圆形，大小不等，长1.5~6cm，宽0.7~2.5cm，先端钝，基部圆形、截形至宽楔形，下延至叶柄成狭翅，边缘具不明显的波状齿或几近全缘，侧脉3~4对；叶柄长0.7~2.5cm，自下部向上渐变短。轮伞花序密集组成顶生穗状花序，每一轮伞花序下承以苞片；苞片宽心形，浅紫色；花萼钟形，筒倒圆锥形，二唇形；花冠紫色、蓝紫色或红紫色，冠檐二唇形；雄蕊4；花柱先端相等2裂，裂片钻形；花盘近平顶。小坚果，黄褐色，长圆状卵珠形，长约1.8mm，宽约0.9mm。

花 果 期　花期4~6月，果期7~10月。

分　　布　广西各地。陕西、甘肃、新疆、河南、湖北、湖南、江西、浙江、福建、台湾、广东、贵州、四川、云南也有分布。

繁殖方法　种子繁殖、分株繁殖。

入药部位　果穗。

功　　效　清肝明目，消肿散结。

穿鞘花

鸭跖草科Commelinaceae　　穿鞘花属*Amischotolype*

Amischotolype hispida (A. Rich.) D. Y. Hong

识别特征　多年生粗大草本。根状茎长，节上生根。茎直立。叶鞘密生褐黄色细长硬毛，口部有同样的毛；单叶互生，叶片椭圆形，长15~50cm，宽5~10.5cm，先端尾状，基部楔状渐狭成带翅的柄，两面近边缘处及叶下面主脉的下半端密生黄褐色细长硬毛。头状花序大，常有花数十朵；萼片舟状，顶端成盔状，背面中脉通常密生棕色长硬毛；花瓣长圆形，稍短于萼片。蒴果，卵球状三棱形，顶端钝，比宿存的萼片短得多。

花果期　花期7~8月，果期9月以后。

分　布　广西各地。台湾、福建、广东、海南、贵州、云南、西藏也有分布。

繁殖方法　种子繁殖、分株繁殖。

入药部位　全草。

功　效　清热解毒，利尿。

饭包草

鸭跖草科Commelinaceae　　鸭跖草属*Commelina*

Commelina benghalensis L.

别名：假包草、竹叶菜

识别特征　多年生披散草本。茎大部分匍匐，节上生根，上部及分枝上部上升。单叶互生，有明显叶柄；叶片卵形，长3~7cm，宽1.5~3.5cm，先端钝或急尖；叶鞘口沿有疏而长的睫毛。总苞片漏斗状，与叶对生，常数个集于枝顶，下部边缘合生，先端短急尖或钝，柄极短；花序下面一枝具细长梗，具1~3朵不孕的花，伸出佛焰苞，上面一枝有花数朵，结实，不伸出佛焰苞；萼片披针形；花瓣蓝色，圆形，内面2枚具长爪。蒴果，椭圆状，长4~6mm，3室。

花果期　花期7~10月，果期11~12月。

分　布　桂东、桂西、桂南、桂北。安徽、福建、广东、贵州、海南、河北、河南、湖北、湖南、江苏、江西、陕西、山东、四川、台湾、云南、浙江也有分布。

繁殖方法　种子繁殖。

入药部位　全草。

功　效　清热解毒，利湿消肿。

鸭跖草

鸭跖草科Commelinaceae　鸭跖草属*Commelina*

Commelina communis L.

别名：竹叶草、竹壳菜

识别特征　一年生披散草本。茎匍匐生根，多分枝，上部被短毛。单叶互生，叶片披针形至卵状披针形，长3~9cm，宽1.5~2cm。总苞片佛焰苞状，有1.5~4cm的柄，与叶对生，折叠状，展开后心形，先端短急尖，基部心形，边缘常有硬毛；聚伞花序，下面一枝仅有1朵不孕花，上面一枝具花3~4朵，具短梗，几乎不伸出佛焰苞；花梗果期弯曲；萼片膜质，内面2枚常靠近或合生；花瓣深蓝色，内面2枚具爪。蒴果，椭圆形，长5~7mm，2室，2爿裂。

花果期　花期7~9月，果期8~10月。

分布　广西各地。除青海、西藏、新疆外，全国各地均有分布。

繁殖方法　种子繁殖、分株繁殖、扦插繁殖。

入药部位　全草。

功效　疏散风热，清热解毒，利水消肿。

大苞鸭跖草

鸭跖草科Commelinaceae　　鸭跖草属*Commelina*

Commelina paludosa Blume

识别特征　多年生粗壮草本。茎常直立，幼时一侧被一列棕色柔毛。单叶互生，叶无柄；叶片披针形至卵状披针形，长7~20cm，宽2~7cm，先端渐尖；叶鞘通常口沿及一侧密生棕色长刚毛，有时几无毛，有的全面被细长硬毛。总苞片漏斗状，无柄，常数个（4~10）在茎顶端集成状头，下缘合生，上缘急尖或短急尖；蝎尾状聚伞花序有花数朵，几不伸出；花梗折曲；萼片披针形；花瓣蓝色，匙形或倒卵状圆形，内面2枚具爪。蒴果，卵球状三棱形，3室，3爿裂，长4mm。

花果期　花期8~10月，果期10月至翌年4月。

分　布　广西各地。西藏、云南、四川、贵州、湖南、江西、广东、福建、台湾也有分布。

繁殖方法　种子繁殖、分株繁殖、扦插繁殖、压条繁殖。

入药部位　全草。

功　效　清热解毒，利水消肿，凉血止血。

聚花草

鸭跖草科Commelinaceae　　聚花草属*Floscopa*

Floscopa scandens Lour.

别名：竹叶藤

识别特征　多年生草本。根状茎长，节上密生须根。植株全体或仅叶鞘及花序各部分被多细胞腺毛，有时叶鞘仅一侧被毛。单叶互生，叶无柄或有带翅短柄；叶片椭圆形至披针形，长4~12cm，宽1~3cm，上面有鳞片状突起。圆锥花序多个，顶生并兼有腋生，组成扫帚状复圆锥花序；下部总苞片叶状，与叶同形、同大，上部的比叶小；萼片浅舟状；花瓣蓝色或紫色，少白色，倒卵形，略比萼片长；花丝长而无毛。蒴果，卵圆状，长、宽2mm，侧扁。

花果期　7~11月。

分　　布　广西各地。浙江、福建、江西、湖南、广东、海南、云南、四川、西藏、台湾也有分布。

繁殖方法　种子繁殖、分株繁殖。

入药部位　全草。

功　　效　清热解毒，利水消肿。

吊竹梅

鸭跖草科Commelinaceae　　紫万年青属*Tradescantia*

Tradescantia zebrina Bosse

识别特征　多年生蔓性草本。茎半肉质，多汁，节上有根。单叶互生，叶片长卵形，长5~7cm，宽3~4cm，先端尖，基部鞘状抱茎，全缘，叶色多变，上面绿色带白色条纹或紫红色，下面淡紫红色。花聚生于顶生叶状苞内；花萼连合成管状、苍白色；花瓣玫瑰紫色，卵形；花丝被长细胞毛。蒴果。

花 果 期　花期5~9月。

分　　布　桂南。福建、香港、台湾、广东也有分布。

繁殖方法　种子繁殖、扦插繁殖。

入药部位　全草。

功　　效　清热利湿，凉血解毒。

野蕉

芭蕉科Musaceae　　芭蕉属*Musa*

Musa balbisiana Colla

识别特征　多年生丛生草本。假茎丛生，黄绿色，有大块黑斑，具匍匐茎。单叶，叶片卵状长圆形，长约2.9m，宽约90cm，基部耳形，两侧不对称；叶柄长约75cm，叶翼幼时常闭合。花序长；雌花的苞片脱落，中性花及雄花的苞片宿存，苞片卵形至披针形，开放后反卷；合生花被片具条纹，外面淡紫白色，内面淡紫色；离生花被片乳白色，倒卵形。果丛共8段，每段有果2列，15~16个；浆果，倒卵形，长约13cm，径4cm，灰绿色，棱角明显，果内具多数种子。

花果期　花期3~8月，果期7~12月。

分　布　广西各地。云南、广东也有分布。

繁殖方法　分株繁殖。

入药部位　种子。

功　效　祛瘀通便。

红豆蔻

姜科Zingiberaceae　　山姜属*Alpinia*

Alpinia galanga (L.) Willd. var. *pyramidata* (Blume) K. Schum.

识别特征　多年生草本。根茎块状。单叶互生，叶片长圆形或披针形，长25~35cm，宽6~10cm，先端短尖或渐尖，基部渐狭；叶柄短，长约6mm；叶舌近圆形。圆锥花序密生多花，花序轴被毛，分枝多而短，每一分枝上有花3~6朵；苞片与小苞片均迟落，小苞片披针形；花绿白色，有异味；花萼筒状，果时宿存；花冠裂片长圆形；侧生退化雄蕊细齿状至线形，紫色；唇瓣倒卵状匙形，白色而有红线条，深2裂。蒴果，长圆形，长1~1.5cm，宽约7mm，熟时棕色或枣红色。

花 果 期　花期5~8月，果期9~11月。

分　　布　桂东、桂西、桂南。台湾、广东、云南也有分布。

繁殖方法　种子繁殖、分株繁殖。

入药部位　根茎、果实。

功　　效　散寒燥湿，醒脾消食。

草豆蔻

姜科Zingiberaceae　　山姜属*Alpinia*

Alpinia hainanensis K. Schum.

识别特征　多年生草本。单叶互生，叶片带形，长22~50cm，宽2~4cm，先端渐尖并有一旋卷的尾状尖头，基部渐狭；无柄或因叶片基部渐狭而成一假柄；叶舌膜质，先端急尖。总状花序中等粗壮，花序轴“之”字形，被黄色、稍粗硬的绢毛，顶部具长圆状卵形的苞片；小苞片红棕色；花萼筒钟状，先端具2齿，一侧开裂至中部以上，外被黄色长柔毛，具缘毛；花冠裂片喉部及侧生退化雄蕊被黄色小长柔毛；唇瓣倒卵形，先端浅2裂。蒴果。

花果期　花期4~6月，果期5~8月。

分　布　桂东、桂南。广东、海南也有分布。

繁殖方法　种子繁殖、分株繁殖。

入药部位　干燥种子。

功　效　祛湿健脾，温胃止呕。

华山姜

姜科Zingiberaceae　　山姜属*Alpinia*

Alpinia oblongifolia Hayata

别名：小良姜

识别特征　多年生草本。单叶互生，叶片披针形或卵状披针形，长20~30cm，宽3~10cm，先端渐尖或尾状渐尖，基部渐狭，两面均无毛；叶柄长约5mm；叶舌膜质，2裂，具缘毛。狭圆锥花序，分枝短，其上有花2~4朵；小苞片花时脱落；花白色，花萼管状，先端具3齿；花冠管稍超出花萼，裂片长圆形，后方1枚稍较大，兜状；唇瓣卵形，先端微凹，侧生退化雄蕊2枚；子房无毛。蒴果，球形，径5~8mm。

花果期　花期5~7月，果期6~12月。

分　　布　广西各地。福建、广东、海南、湖南、江西、四川、台湾、云南、浙江也有分布。

繁殖方法　种子繁殖、分株繁殖。

入药部位　根、茎。

功　　效　祛风除湿，行气止痛。

砂仁

姜科Zingiberaceae　　豆蔻属*Amomum*

Amomum villosum Lour.

识别特征　多年生草本。根茎匍匐地面。单叶互生，中部叶片长披针形，长37cm，宽7cm，上部叶片线形，长25cm，宽3cm，先端尾尖，基部近圆形，无柄或近无柄；叶舌半圆形。穗状花序椭圆形；苞片披针形；花萼管先端具三浅齿，白色；花冠裂片倒卵状长圆形，白色；唇瓣圆匙形，白色，顶端具二裂、反卷、黄色的小尖头；子房被白色柔毛。蒴果，椭圆形，长1.5~2cm，宽1.2~2cm，成熟时紫红色，表面被柔刺。

花果期　花期5~6月，果期8~9月。

分　布　广西各地。福建、广东、云南也有分布。

繁殖方法　种子繁殖、分株繁殖。

入药部位　果实。

功　效　化湿开胃，温脾止泻，理气安胎。

黄花大苞姜

姜科Zingiberaceae　　大苞姜属*Caulokaempferia*

Caulokaempferia coenobialis (Hance) K. Larsen

别名：水马鞭、石竹花

识别特征　多年生、细弱、丛生草本。单叶互生，5~9片，叶片披针形，长5~14cm，宽1~2cm，先端长尾状渐尖，基部急尖，质薄，最下部的一片叶较上部显著的小，无柄或具极短的柄；叶舌圆形，膜质。花序顶生；苞片2~3枚，披针形，先端尾状渐尖，内有花1~2朵；花萼管状；花冠黄色，花冠裂片披针形；侧生退化雄蕊椭圆形；唇瓣黄色，宽卵形；花丝短。蒴果，卵状长圆形，长约1cm，顶端有宿萼。

花果期　花期4~7月，果期8月。

分　布　桂东、桂南、桂中。广东也有分布。

繁殖方法　种子繁殖。

入药部位　全草。

功　效　祛风湿，解毒。

闭鞘姜

姜科Zingiberaceae　　闭鞘姜属*Costus*

Costus speciosus (Koen.) Sm.

别名：水蕉花

识别特征　多年生草本。茎顶部常分枝，旋卷。单叶互生，叶片长圆形或披针形，长15~20cm，宽6~10cm，先端渐尖或尾状渐尖，基部近圆形，叶背密被绢毛。穗状花序顶生，椭圆形或卵形；苞片卵形，红色，被短柔毛，具短尖头；小苞片淡红色；花萼红色，3裂，嫩时被茸毛；花冠管短，裂片长圆状椭圆形，白色或顶部红色；唇瓣宽喇叭形，纯白色，先端具裂齿及皱波状；雄蕊花瓣状，上面被短柔毛，白色，基部橙黄。蒴果，稍木质，长1.3cm，红色。

花果期　花期7~9月，果期9~11月。

分　　布　桂东、桂西、桂南。台湾、广东、云南也有分布。

繁殖方法　种子繁殖、分株繁殖。

入药部位　根茎。

功　　效　利水消肿，清热解毒。

姜黄

姜科Zingiberaceae　　姜黄属*Curcuma*

Curcuma longa L.

识别特征　多年生草本。根茎发达，成丛，椭圆形或圆柱状，橙黄色，极香；根末端膨大呈块根。单叶互生，叶片5~7，长圆形或椭圆形，长30~90cm，宽15~18cm，先端短渐尖，基部渐狭；叶柄长20~45cm。花莛由叶鞘内抽出；穗状花序圆柱状；苞片卵形或长圆形，淡绿色；花萼白色，具不等的钝3齿；花冠淡黄色，裂片三角形，后方的1片较大，具细尖头；侧生退化雄蕊比唇瓣短，与花丝及唇瓣的基部相连成管状；唇瓣倒卵形，淡黄色，中部深黄色。蒴果，球形。

花果期　花期8月，果期10月。

分　布　桂东、桂西、桂南、桂中。台湾、福建、广东、云南、西藏也有分布。

繁殖方法　根茎繁殖。

入药部位　根茎。

功　效　破血行气，通经止痛。

尖苞柊叶

竹芋科Marantaceae　　柊叶属*Phrynium*

Phrynium placentarium (Lour.) Merr.

识别特征　多年生草本。单叶基生，叶片长圆状披针形或卵状披针形，长30~55cm，宽20cm，先端渐尖，基部圆形而中央急尖；叶柄长达30cm。头状花序无总花梗，自叶鞘生出，球形，稠密，由4~5或更多小穗组成；苞片长圆形，先端具刺状小尖头，内藏小花一对；花白色；萼片线形；花冠裂片椭圆形；外轮退化雄蕊倒卵形；子房无毛或顶端被小柔毛。蒴果，长圆形，长1.2cm。

花果期　花期2~5月，果期8~10月。

分　布　桂西、桂南、桂中。广东、贵州、云南也有分布。

繁殖方法　种子繁殖、分株繁殖、扦插繁殖。

入药部位　根茎。

功　效　清热解毒，凉血止血。

天门冬

百合科Liliaceae　　天门冬属*Asparagus*

Asparagus cochinchinensis (Lour.) Merr.

别名：天冬

识别特征　攀缘植物。根在中部或近末端成纺锤状膨大。茎平滑，常弯曲或扭曲，分枝具棱或狭翅。叶状枝常3枚成簇，扁平或中脉龙骨状微呈锐三棱形，稍镰刀状，长0.5~8cm，宽1~2mm；茎上的鳞片状叶基部延伸为硬刺，在分枝上的刺较短或不明显。花通常每2朵腋生，淡绿色；花梗关节一般位于中部；雄花花被长2.5~3mm，花丝不贴生于花被片上；雌花大小和雄花相似。浆果，径6~7mm，熟时红色。

花果期　花期5~6月，果期8~10月。

分　布　广西各地。安徽、福建、甘肃、广东、贵州、海南、河北、河南、湖北、湖南、江苏、江西、陕西、山东、山西、四川、台湾、西藏、云南、浙江也有分布。

繁殖方法　种子繁殖。

入药部位　块根。

功　效　清肺生津，养阴润燥。

百合科Liliaceae　　山菅属*Dianella*

Dianella ensifolia (L.) DC.

别名：山菅兰

识别特征　多年生草本。根状茎圆柱状，横走。叶基生或茎生，二列，叶片狭条状披针形，长30~80cm，宽1~2.5cm，基部稍收狭成鞘状，套叠或抱茎，边缘和背面中脉具锯齿。顶生圆锥花序，分枝疏散；花常多朵生于侧枝上端；花梗常稍弯曲；花被片条状披针形，绿白色、淡黄色至青紫色，5脉；花药条形，比花丝略长或近等长，花丝上部膨大。浆果，近球形，深蓝色，径约6mm。

花果期　3~8月。

分　布　广西各地。云南、四川、贵州、广东、海南、江西、浙江、福建、台湾也有分布。

繁殖方法　种子繁殖、分株繁殖。

入药部位　根状茎。

功　效　拔毒消肿。

多花黄精

百合科Liliaceae　　黄精属*Polygonatum*

Polygonatum cyrtonema Hua

识别特征　多年生草本。根状茎肥厚，通常连珠状或结节成块，少有近圆柱形。茎通常具10~15枚叶，单叶互生，叶片椭圆形、卵状披针形至矩圆状披针形，少有稍作镰状弯曲，长10~18cm，宽2~7cm，先端尖至渐尖。花序具1~14花，伞形；花被黄绿色；花丝两侧扁或稍扁。浆果，黑色，径约1cm。

花果期　花期5~6月，果期8~10月。

分　布　广西各地。四川、贵州、湖南、湖北、河南、江西、安徽、江苏、浙江、福建、广东也有分布。

繁殖方法　种子繁殖、分株繁殖。

入药部位　根茎。

功　效　养阴润肺，补脾益气，滋肾填精。

七叶一枝花

延龄草科Trilliaceae 重楼属*Paris*

Paris polyphylla Sm.

识别特征 多年生草本。根状茎粗厚，外面棕褐色，密生多数环节和须根。茎通常带紫红色，基部有灰白色干膜质的鞘1~3枚。单叶轮生，5~10枚，叶片矩圆形、椭圆形或倒卵状披针形，长7~15cm，宽2.5~5cm，先端短尖或渐尖，基部圆形或宽楔形；叶柄明显，长2~6cm，带紫红色。外轮花被片绿色，3~6枚，狭卵状披针形；内轮花被片狭条形；雄蕊8~12；子房近球形，具棱，顶端具一盘状花柱基，花柱粗短，具（4）5分枝。蒴果，紫色，径1.5~2.5cm，3~6瓣裂开。

花果期 花期4~7月，果期8~11月。

分　布 广西各地。西藏、云南、四川、贵州也有分布。

繁殖方法 种子繁殖、分株繁殖。

入药部位 全草、根茎。

功　效 清热解毒，凉肝定惊，消肿止痛。

石菖蒲

天南星科Araceae　　菖蒲属*Acorus*

Acorus tatarinowii Schott

识别特征　多年生草本。根茎芳香，淡褐色，根肉质，具多数须根，根茎上部分枝密。植株丛生状，分枝常被纤维状宿存叶基。叶无柄，叶片基部两侧膜质叶鞘上延几达叶片中部，渐狭，脱落；叶片暗绿色，线形，长20~50cm，基部对折，中部以上平展，宽7~13mm，先端渐狭，无中脉，平行脉多数。花序柄腋生，三棱形；叶状佛焰苞为肉穗花序长的2~5倍或更长，稀近等长；肉穗花序圆柱状；花白色。成熟果序长7~8cm。浆果，幼果绿色，成熟时黄绿色或黄白色。

花果期　2~6月。

分　布　广西各地。河南、江苏、安徽、浙江、福建、江西、湖北、湖南、广东、香港、贵州、四川、云南也有分布。

繁殖方法　种子繁殖、分株繁殖。

入药部位　根茎。

功　效　开窍豁痰，化湿开胃，醒神益智。

尖尾芋

天南星科Araceae　　海芋属*Alocasia*

Alocasia cucullata (Lour.) Schott

别名：假海芋、老虎耳、卜芥

识别特征　多年生直立草本。地上茎圆柱形，黑褐色，具环形叶痕，基部生芽条，发出新枝，丛生状。叶柄绿色，长25~80cm，由中部至基部强烈扩大成宽鞘；叶片深绿色，宽卵状心形，先端骤狭具凸尖，长10~40cm，宽7~28cm，基部圆形；侧脉5~8对。花序柄圆柱形，单生；佛焰苞近肉质，管部长圆状卵形，淡绿至深绿色，檐部狭舟状，边缘内卷，先端具狭长的凸尖，外面上部淡黄色，下部淡绿色；肉穗花序比佛焰苞短；雌花序圆柱形，基部斜截形；能育雄花序近纺锤形，黄色。浆果，近球形，径6~8mm。

花果期　花期5月，果期7~8月。

分　布　广西各地。浙江、福建、广东、四川、贵州、云南也有分布。

繁殖方法　种子繁殖、分株繁殖。

入药部位　根茎。

功　效　清热解毒，散结止痛。

海芋

天南星科Araceae　　海芋属*Alocasia*

Alocasia odora (Roxb.) K. Kcoh

识别特征　多年生大型草本。具匍匐根茎，有直立地上茎，基部生不定芽条。叶柄绿色或污紫色，螺旋状排列，粗厚，展开；叶片草绿色，箭状卵形，边缘波状，长50~90cm，宽40~90cm，有的长宽都在1m以上；叶柄和中脉变黑色、褐色或白色。花序柄2~3枚丛生，圆柱形，通常绿色，有时污紫色；佛焰苞管部绿色，卵形或短椭圆形，檐部蕾时绿色，花时黄绿色、绿白色，凋萎时变黄色、白色，舟状，长圆形，先端喙状；肉穗花序芳香；雌花序白色；不育雄花序绿白色，能育雄花序淡黄色。浆果，红色，卵状，长8~10mm。

花果期　全年。

分　布　桂东、桂南、桂北。江西、福建、台湾、湖南、广东、四川、贵州、云南也有分布。

繁殖方法　种子繁殖、分株繁殖、扦插繁殖。

入药部位　根茎。

功　效　清热解毒，行气止痛，散结消肿。

疣柄魔芋

天南星科Araceae　　魔芋属*Amorphophallus*

Amorphophallus paeoniifolius (Dennst.) Nicolson

别名：大魔芋

识别特征　多年生草本。块茎扁球形。叶单一（稀2枚），叶片3全裂，裂片二歧分裂或羽状深裂，小裂片长圆形，三角形或卵状三角形，先端骤尖，基部不等侧，下延，侧脉近平行；叶柄长50~80cm，深绿色，具疣凸，粗糙，具苍白色斑块。花序柄粗短，圆柱形，花后增长，粗糙，具小疣；佛焰苞卵形，外面绿色，饰以紫色条纹和绿白色斑块，内面具疣，深紫色，基部肉质，漏斗状，檐部广展，绿色，边缘波状；肉穗花序极臭；雌花序圆柱形，紫褐色；雄花序倒圆锥形，黄绿色；附属器圆锥形，钝圆，青紫色；子房球形，柱头2裂。果序圆柱状；浆果，椭圆状，长2.5~3cm，径1.7~2cm，橘红色。

花果期　花期4~5月，果期10~11月。

分　布　桂南。广东、云南也有分布。

繁殖方法　种子繁殖。

入药部位　块茎。

功　效　疏肝健脾，解毒散结，抗癌。

麒麟尾

天南星科Araceae　　麒麟叶属*Epipremnum*

Epipremnum pinnatum (L.) Engl.

别名：麒麟叶、爬树龙、飞天蜈蚣

识别特征　攀缘藤本。茎圆柱形，多分枝；气生根具发达皮孔，紧贴树皮或石面上。叶柄长25~40cm，上部有膨大关节；叶鞘膜质，上达关节部位，逐渐撕裂，脱落；单叶互生，叶片幼时狭披针形或披针状长圆形，基部浅心形，成熟叶宽长圆形，基部宽心形，沿中脉有2行星散小穿孔，叶片长40~60cm，宽30~40cm，两侧不等羽状深裂，裂片线形，基部和顶端等宽或略狭，狭长渐尖。花序柄圆柱形，粗壮，基部有鞘状鳞叶包围；佛焰苞外面绿色，内面黄色；肉穗花序圆柱形，钝；雌蕊具棱，柱头线形。浆果。

花果期　花期4~5月，果期5~8月。

分　　布　桂西、桂南。台湾、广东、云南也有分布。

繁殖方法　分株繁殖、扦插繁殖。

入药部位　茎、叶。

功　　效　清热凉血，活血散瘀，消肿解毒。

石柑子

天南星科Araceae　石柑属*Pothos*

Pothos chinensis (Raf.) Merr.

别名：上树葫芦、葫芦草、石百足

识别特征　附生藤本。茎淡褐色，具纵条纹，节上常束生气生根，具分枝，枝下部常具鳞叶1枚；鳞叶线形，先端锐尖。叶片椭圆形、披针状卵形至披针状长圆形，长6~13cm，宽1.5~5.6cm，先端渐尖至长渐尖，常有芒状尖头，基部钝；侧脉4对；叶柄倒卵状长圆形或楔形，约为叶片大小的1/6。花序腋生；佛焰苞卵状，绿色，锐尖；肉穗花序短，椭圆形至近圆球形，淡绿色、淡黄色。浆果，黄绿色至红色，卵形或长圆形，长约1cm。

花果期　全年。

分　布　广西各地。台湾、湖北、广东、四川、贵州、云南也有分布。

繁殖方法　种子繁殖。

入药部位　全草。

功　效　祛湿消积，行气止痛，散瘀解毒。

百足藤

天南星科Araceae　　石柑属*Pothos*

Pothos repens (Lour.) Druce

别名：蜈蚣藤、细叶石柑

识别特征　附生藤本。分枝较细，营养枝具棱，常曲折，节上有气生根，贴附于树上；花枝圆柱形，具纵条纹，不常有气生根，多披散或下垂。单叶互生，叶片披针形，向上渐狭，长3~4cm，宽5~7mm，与叶柄皆具平行纵脉，叶柄长楔形，先端微凹，长可达13~15cm，宽1~1.5cm。幼枝上叶片小，长1~2cm，宽3~4mm；叶柄长2~3cm，宽4mm。总花序柄腋生和顶生，苞片披针形，腋内生花序；佛焰苞绿色，线状披针形，具长尖头；肉穗花序黄绿色，细圆柱形；花被片6，黄绿色，雄蕊和柱头稍超出花被。浆果，熟时焰红色，卵形，长约1cm。

花果期　花期3~4月，果期5~7月。

分　　布　桂东、桂西、桂南。广东、云南也有分布。

繁殖方法　分株繁殖。

入药部位　全草。

功　　效　散瘀接骨，消肿止痛。

犁头尖

天南星科Araceae　　犁头尖属*Typhonium*

Typhonium blumei Nicolson et Sivadasan

别名：假慈姑

识别特征　多年生草本。块茎近球形、头状或椭圆形，褐色，具环节，节间有黄色根迹。幼株叶1~2，叶片深心形、卵状心形至戟形，长3~5cm，宽2~4cm，多年生植株有叶4~8枚，叶柄长20~24cm，基部鞘状，叶片戟状三角形。花序柄单1，从叶腋抽出，淡绿色，圆柱形；佛焰苞管部绿色，卵形，檐部绿紫色，卷成长角状，盛花时展开，后仰，卵状长披针形，内面深紫色，外面绿紫色；肉穗花序无柄；雌花序圆锥形；中性花序淡绿色；雄花序橙黄色；附属器深紫色；雄花近无柄，雄蕊2；雌花子房卵形，黄色，柱头无柄，红色；中性花线形，两头黄色，腰部红色。浆果。

花果期　花期5~7月，果期7~9月。

分　布　桂南、桂北、桂东、桂西。浙江、江西、福建、湖南、广东、四川、云南也有分布。

繁殖方法　种子繁殖、分株繁殖。

入药部位　全草、块茎。

功　效　解毒消肿，散瘀止血。

百部

百部科Stemonaceae　百部属*Stemona*

Stemona japonica (Bl.) Miq.

识别特征　攀缘藤本。块根肉质，成簇，长圆状纺锤形。单叶，2~5枚轮生，叶片卵形、卵状披针形或卵状长圆形，长4~11cm，宽1.5~4.5cm，先端渐尖或锐尖，边缘微波状，基部圆或截形；主脉通常5条；叶柄长1~4cm。花序柄贴生于叶片中脉上；花单生或数朵排成聚伞状花序；苞片线状披针形；花被片淡绿色，披针形，开放后反卷；雄蕊紫红色。蒴果，扁卵形，赤褐色，长1~1.4cm，宽4~8mm。

花果期　花期5~7月，果期7~10月。

分　布　桂南。浙江、江苏、安徽、江西也有分布。

繁殖方法　种子繁殖、分根繁殖、组织培养。

入药部位　块根。

功　效　润肺止咳，下气杀虫。

黄独

薯蓣科Dioscoreaceae　　薯蓣属*Dioscorea*

Dioscorea bulbifera L.

别名：零余薯

识别特征　缠绕藤本。块茎卵圆形或梨形，外皮棕黑色，密生须根。茎左旋，浅绿色稍带红紫色。叶腋内有紫棕色，球形或卵圆形，具圆形斑点的珠芽。单叶互生，叶片宽卵状心形或卵状心形，长15~26cm，宽2~26cm，先端尾状渐尖，边缘全缘或微波状。雄花序穗状，下垂，常数个丛生于叶腋，有时分枝呈圆锥状，雄花单生，密集，花被片披针形，新鲜时紫色，雄蕊6；雌花序与雄花序相似，常2至数个丛生叶腋，退化雄蕊6枚。蒴果，反折下垂，三棱状长圆形，长1.5~3cm，宽0.5~1.5cm，成熟时草黄色，表面密被紫色小斑点。

花 果 期　花期7~10月，果期8~11月。

分　　布　广西各地。河南、安徽、江苏、浙江、江西、福建、台湾、湖北、湖南、广东、陕西、甘肃、四川、贵州、云南、西藏也有分布。

繁殖方法　珠芽繁殖、块茎繁殖。

入药部位　块茎。

功　　效　清热解毒，散结消瘿，凉血止血。

褐苞薯蓣

薯蓣科Dioscoreaceae　　薯蓣属*Dioscorea*

Dioscorea persimilis Prain et Burkill

识别特征　缠绕藤本。块茎长圆柱形，外皮棕黄色。茎右旋，干时带红褐色，常有棱4~8条。单叶，在茎下部的互生，中部以上的对生，叶片卵形、三角形至长椭圆状卵形，或近圆形，长4~15cm，宽2~13cm，先端渐尖、尾尖或凸尖，基部宽心形、深心形、箭形或戟形，全缘，基出脉7~9，常带红褐色。叶腋内有珠芽。雌雄异株；雄花序为穗状花序，2~4个簇生或单生于花序轴上排列呈圆锥花序，有时穗状花序单生或数个簇生于叶腋，雄花的外轮花被片宽卵形，有褐色斑纹，内轮倒卵形，雄蕊6；雌花序为穗状花序，1~2个着生于叶腋，雌花的外轮花被片卵形，较内轮大，退化雄蕊小。蒴果，不反折，三棱状扁圆形，长1.5~2.5cm，宽2.5~4cm。

花果期　花期7月至翌年1月，果期9月至翌年1月。

分　　布　广西各地。湖南、广东、贵州、云南也有分布。

繁殖方法　珠芽繁殖、块茎繁殖。

入药部位　根茎。

功　　效　生津益肺，补脾养胃，补肾涩精。

大叶仙茅

仙茅科Hypoxidaceae　　仙茅属*Curculigo*

Curculigo capitulata (Lour.) Kuntze

别名：撑船草

识别特征　多年生草本。根状茎块状，具细长走茎。单叶，常4~7枚，叶片长圆状披针形或近长圆形，长40~90cm，宽5~14cm，全缘，先端长渐尖，具折扇状脉；叶柄长30~80cm，上面有槽，侧背面均密被短柔毛。花茎通常短于叶，被褐色长柔毛；总状花序强烈缩短成头状，球形或近卵形，俯垂，具多数排列密集的花；花黄色；花被裂片卵状长圆形；雄蕊长约为花被裂片的2/3；花柱比雄蕊长，柱头近头状，极浅3裂。浆果，近球形，白色，径4~5mm。

花果期　花期5~6月，果期8~9月。

分　布　广西各地。福建、台湾、广东、海南、四川、贵州、云南、西藏也有分布。

繁殖方法　分株繁殖。

入药部位　根状茎。

功　效　润肺化痰，止咳平喘，健脾补肾。

箭根薯

蒟蒻薯科Taccaceae　　蒟蒻薯属*Tacca*

Tacca chantrieri André

别名：大叶屈头鸡、大叶水田七

识别特征　多年生草本。根状茎近圆柱形。单叶基生，叶片长圆形或长圆状椭圆形，长20~60cm，宽7~24cm，先端短尾尖，基部楔形或圆楔形，两侧稍不相等；叶柄长10~30cm，基部有鞘。花莛较长；总苞片4枚，暗紫色，外轮2枚卵状披针形，内轮2枚阔卵形；伞形花序有花5~18朵；花被裂片6，紫褐色，外轮花被裂片披针形，内轮花被裂片较宽；雄蕊6。浆果，椭圆形，具6棱，紫褐色，长约3cm，顶端有宿存的花被裂片。

花果期　4~11月。

分　布　桂西、桂南。湖南、广东、云南也有分布。

繁殖方法　种子繁殖、分株繁殖、组织培养。

入药部位　根茎。

功　效　清热解毒，理气止痛。

花叶开唇兰

兰科Orchidaceae　　开唇兰属*Anoectochilus*

Anoectochilus roxburghii (Wall.) Lindl.

别名：保亭金线兰

识别特征　多年生草本。根状茎匍匐，伸长，肉质，具节，节上生根。茎直立，肉质，圆柱形，具2~4枚叶。单叶互生，叶片卵圆形或卵形，长1.3~3.5cm，宽0.8~3cm，上面暗紫色或黑紫色，具金红色带有绢丝光泽的美丽网脉，背面淡紫红色，先端近急尖或稍钝，基部近截形或圆形；叶柄长4~10mm，基部扩大成抱茎的鞘。总状花序具2~6朵花；花苞片淡红色，卵状披针形或披针形，先端长渐尖；花白色或淡红色；中萼片卵形，凹陷呈舟状，先端渐尖，与花瓣黏合呈兜状；侧萼片张开；花瓣近镰刀状；唇瓣呈“Y”字形，基部具圆锥状距，前部扩大并2裂；花药卵形；蕊喙直立，叉状2裂；子房长圆柱形，柱头2个，位于蕊喙基部两侧。蒴果。

花果期　花期8~9月，果期9~11月。

分　布　广西各地。浙江、江西、福建、湖南、广东、海南、四川、云南、西藏也有分布。

繁殖方法　种子繁殖。

入药部位　全草。

功　效　清热凉血，除湿解毒。

硬叶兰

兰科Orchidaceae　兰属*Cymbidium*

Cymbidium mannii Rchb. f.

识别特征　多年生附生植物。假鳞茎狭卵球形，包藏于叶基内。单叶，4~7枚，带形，长22~80cm，宽1~1.8cm，先端为不等的2圆裂或2尖裂，有时微缺，基部的鞘有宽1~1.5mm的黑色膜质边缘。花莛从假鳞茎基部穿鞘而出，下垂或下弯；总状花序通常具10~20朵花；萼片与花瓣淡黄色至奶油黄色，中央有1条宽阔的栗褐色纵带，唇瓣白色至奶油黄色，有栗褐色斑；萼片狭长圆形；花瓣近狭椭圆形；唇瓣近卵形，3裂；侧裂片短于蕊柱；中裂片外弯；蕊柱有很短的蕊柱足。蒴果，近椭圆形，长3.5~5cm，宽2.5~3cm。

花果期　花期3~8月，果期7~11月。

分　布　桂西、桂南、桂北。广东、海南、贵州、云南也有分布。

繁殖方法　种子繁殖、分株繁殖。

入药部位　全草、果实。

功　效　全草：祛风除湿，活血散瘀，止咳平喘；果实：清热解毒，止血。

绶草

兰科Orchidaceae　　绶草属*Spiranthes*

Spiranthes sinensis (Pers.) Ames

别名：盘龙参

识别特征　多年生草本。根指状，肉质，簇生于茎基部。茎近基部生2~5枚叶。叶片宽线形或宽线状披针形，直伸，长3~10cm，常宽5~10mm，先端急尖或渐尖，基部收狭具柄状抱茎的鞘。花茎直立；总状花序具多数密生的花，呈螺旋状扭转；苞片卵状披针形；花小，紫红色、粉红色或白色，在花序轴上呈螺旋状排生；中萼片狭长圆形，舟状，与花瓣靠合呈兜状；侧萼片披针形；花瓣斜菱状长圆形，先端钝，与中萼片等长；唇瓣宽长圆形，凹陷，前半部上面具长硬毛且边缘具强烈皱波状啮齿，基部凹陷呈浅囊状。蒴果。

花果期　花期7~8月，果期8~9月。

分　布　广西各地。全国各地均有分布。

繁殖方法　种子繁殖、分株繁殖。

入药部位　全草。

功　效　滋阴益气，清热解毒。

碎米莎草

莎草科Cyperaceae　　莎草属*Cyperus*

Cyperus iria L.

识别特征　一年生草本。无根状茎，具须根。秆扁三棱形，基部具少数叶。叶短于秆，宽2~5mm，叶鞘红棕色或棕紫色。叶状苞片3~5枚，下面的2~3枚常较花序长；长侧枝聚伞花序复出，稀为简单的，具4~9个辐射枝，每个辐射枝具5~10个穗状花序，或有时更多；穗状花序卵形或长圆状卵形，具5~22个小穗；小穗排列松散，斜展开，长圆形、披针形或线状披针形，具6~22花；雄蕊3；花柱短，柱头3。小坚果，倒卵形或椭圆形，三棱形，褐色，具密的微突起细点。

花果期　6~10月。

分　布　广西各地。辽宁、河北、山东、河南、陕西、甘肃、新疆、江苏、安徽、浙江、台湾、福建、江西、湖北、湖南、广东、香港、海南、贵州、四川、云南、西藏也有分布。

繁殖方法　种子繁殖。

入药部位　全草。

功　效　祛风除湿，活血调经。

短叶水蜈蚣

莎草科Cyperaceae　　水蜈蚣属*Kyllinga*

Kyllinga brevifolia Rottb.

识别特征　多年生草本。根状茎长而匍匐，外被褐色鳞片，具多数节间，每一节上长一秆。秆成列散生，扁三棱形，基部不膨大，具4~5个圆筒状叶鞘，最下面2个叶鞘棕色，鞘口斜截形，先端渐尖，上面2~3个叶鞘顶端具叶片。叶短于或稍长于秆，宽2~4mm，上部边缘和背面中脉上具细刺。叶状苞片3枚，极展开，后期常向下反折；穗状花序单个，稀2或3个，球形或卵球形，具极多数密生的小穗；小穗长圆状披针形或披针形，具1朵花；雄蕊1~3；花柱细长，柱头2。小坚果，倒卵状长圆形，扁双凸状，表面具密的细点。

花果期　5~9月。

分　　布　广西各地。湖北、湖南、贵州、四川、云南、安徽、浙江、江西、福建、广东、海南也有分布。

繁殖方法　种子繁殖、根状茎繁殖。

入药部位　全草。

功　　效　疏风解表，清热利湿，解毒消肿。

龙爪茅

禾本科Poaceae　　龙爪茅属*Dactyloctenium*

Dactyloctenium aegyptium (L.) Willd.

识别特征　一年生草本。秆直立，或基部横卧地面，于节处生根且分枝。单叶互生，叶鞘松弛，边缘被柔毛；叶舌先端具纤毛；叶片扁平，长5~18cm，宽2~6mm，先端尖或渐尖，两面被疣基毛。穗状花序，2~7个指状排列于秆顶；小穗含3小花；外稃中脉成脊，脊上被短硬毛；内稃先端2裂，背部具2脊，背缘有翼，翼缘具细纤毛。颖果，球状，长约1mm。

花果期　5~10月。

分　布　桂东、桂西、桂南、桂中。福建、广东、贵州、海南、四川、台湾、云南、浙江也有分布。

繁殖方法　种子繁殖。

入药部位　全草。

功　效　补虚益气，健脾。

牛筋草

禾本科Poaceae　　䅟属*Eleusine*

Eleusine indica (L.) Gaertn.

识别特征　一年生草本。根系发达。秆基部倾斜。单叶互生，叶鞘两侧压扁而具脊；叶片平展，线形，长10~15cm，宽3~5mm。穗状花序，2~7个指状着生于秆顶，很少单生；小穗含3~6小花；第一外稃卵形，具脊，脊上有狭翼；内稃短于外稃，具2脊，脊上具狭翼。颖果，卵形，长约1.5mm，基部下凹，具明显的波状皱纹。

花果期　6~10月。

分　　布　广西各地。安徽、北京、福建、广东、贵州、海南、黑龙江、河南、湖北、湖南、江西、陕西、山东、上海、四川、台湾、天津、西藏、云南、浙江也有分布。

繁殖方法　种子繁殖。

入药部位　全草。

功　　效　清热利湿，凉血解毒。

白茅

禾本科Poaceae　　白茅属*Imperata*

Imperata cylindrica (L.) Raeuschel

识别特征　多年生草本。具长根状茎。秆具1~3节，节无毛。叶鞘聚集于秆基，长于节间，老后破碎呈纤维状；叶舌膜质，紧贴其背部或鞘口具柔毛；分蘖叶片长约20cm，宽约8mm；秆生叶片长1~3cm，窄线形，通常内卷，先端渐尖呈刺状，下部渐窄，或具柄，被有白粉。圆锥花序，稠密；第一外稃卵状披针形，长为颖片的2/3；第二外稃与其内稃近相等，长约为颖之半，卵圆形；雄蕊2；花柱细长，柱头2，紫黑色，羽状。颖果，椭圆形，长约1mm。

花果期　4~6月。

分　布　广西各地。辽宁、河北、山西、山东、陕西、新疆也有分布。

繁殖方法　种子繁殖、分株繁殖。

入药部位　根茎。

功　效　凉血止血，清热生津，利尿通淋。

淡竹叶

禾本科Poaceae　　淡竹叶属*Lophatherum*

Lophatherum gracile Brongn.

识别特征　多年生草本。须根中部膨大呈纺锤形小块根。秆具5~6节。单叶互生，叶鞘平滑或外侧边缘具纤毛；叶舌褐色，背有糙毛；叶片披针形，长6~20cm，宽1.5~2.5cm，具横脉，基部收窄成柄状。圆锥花序，分枝斜生或开展；小穗线状披针形，具极短柄；第一外稃具7脉，先端具尖头；内稃较短；不育外稃向上渐狭小，互相密集包卷，先端具短芒；雄蕊2。颖果，长椭圆形。

花果期　6~10月。

分　　布　桂南、桂北、桂中。江苏、安徽、浙江、江西、福建、台湾、湖南、广东、四川、云南也有分布。

繁殖方法　种子繁殖、分株繁殖。

入药部位　茎叶。

功　　效　除烦止渴，清热泻火，利尿通淋。

五节芒

禾本科Poaceae　　芒属*Miscanthus*

Miscanthus floridulus (Labill.) Warburg ex K. Schumann

识别特征　多年生草本。具发达根状茎。秆节下具白粉。单叶互生，叶鞘无毛；叶舌先端具纤毛；叶片披针状线形，长25~60cm，宽1.5~3cm，基部渐窄或呈圆形，先端长渐尖，中脉粗壮隆起，边缘粗糙。圆锥花序大型，主轴粗壮，延伸达花序的2/3以上；分枝较细弱，通常10多枚簇生于基部各节，具二至三回小枝；小穗卵状披针形，黄色；第一外稃长圆状披针形；第二外稃卵状披针形；内稃微小；雄蕊3；花柱极短，柱头紫黑色。颖果。

花果期　5~10月。

分　布　广西各地。江苏、浙江、福建、台湾、广东、海南也有分布。

繁殖方法　种子繁殖、分株繁殖。

入药部位　根状茎。

功　效　理气发表，散瘀调经，利尿止渴。

类芦

禾本科Poaceae　　类芦属*Neyraudia*

Neyraudia reynaudiana (Kunth) Keng ex Hitchc.

识别特征　多年生草本。须根粗而坚硬。秆直立，通常节具分枝，节间被白粉。单叶互生，叶鞘无毛，仅沿颈部具柔毛；叶舌密生柔毛；叶片长30~60cm，宽5~10mm，扁平或卷折，先端长渐尖。圆锥花序，分枝细长，开展或下垂；小穗含5~8小花；第一外稃不孕，无毛；颖片短小；外稃边脉生有柔毛，先端具向外反曲短芒；内稃短于外稃。颖果。

花果期　8~12月。

分　布　广西各地。海南、广东、贵州、云南、四川、湖北、湖南、江西、福建、台湾、浙江、江苏也有分布。

繁殖方法　种子繁殖。

入药部位　嫩苗、叶。

功　效　清热利湿，消肿解毒。

两耳草

禾本科Poaceae　　雀稗属*Paspalum*

Paspalum conjugatum Bergius

识别特征　多年生草本。植株具匍匐茎。单叶互生，叶鞘具脊，无毛或上部边缘及鞘口具柔毛；叶舌极短，与叶片交接处具一圈纤毛；叶片披针状线形，长5~20cm，宽5~10mm，无毛或边缘具疣柔毛。总状花序2枚，开展；小穗卵形，先端稍尖，覆瓦状排列成两行；第二颖与第一外稃无脉，第二颖边缘具长丝状柔毛，毛长与小穗近等；第二外稃变硬，卵形，包卷同质的内稃。颖果，长约1.2mm。

花果期　5~9月。

分　布　桂东、桂西、桂南。台湾、云南、海南也有分布。

繁殖方法　种子繁殖、分株繁殖。

入药部位　叶。

功　效　清热明目。

金丝草

禾本科Poaceae　　金发草属*Pogonatherum*

Pogonatherum crinitum (Thunb.) Kunth

识别特征　多年生草本。秆具纵条纹，通常3~7节，节上被白色髯毛。单叶互生，叶鞘向上部渐狭，稍不抱茎，鞘口或边缘被细毛，有时下部的叶鞘被短毛；叶舌短，纤毛状；叶片线形，长1.5~5cm，宽1~4mm，先端渐尖，基部为叶鞘顶宽的1/3，两面均被微毛而粗糙。穗形总状花序单生于秆顶，乳黄色；无柄小穗含1两性花；第一小花完全退化或仅存一外稃；第二小花外稃稍短于第一颖，先端2裂；内稃宽卵形，具2脉；雄蕊1；花柱自基部分离为2枚；柱头帚刷状。颖果，卵状长圆形，长约0.8mm。有柄小穗与无柄小穗同形同性，但较小。

花果期　5~9月。

分　布　桂东、桂西、桂南、桂北。安徽、浙江、江西、福建、台湾、湖南、湖北、广东、海南、四川、贵州、云南也有分布。

繁殖方法　种子繁殖。

入药部位　全草。

功　效　清热解毒，凉血止血，利湿。

斑茅

禾本科Poaceae　　甘蔗属*Saccharum*

Saccharum arundinaceum Retz.

识别特征　多年生草本。秆具多数节。叶鞘长于节间，基部或上部边缘和鞘口具柔毛；叶舌先端截平；叶片线状披针形，长1~2m，宽2~5cm，先端长渐尖，基部渐变窄，中脉粗壮，边缘锯齿状粗糙。圆锥花序大型，每节着生2~4枚分枝，分枝二至三回分出；无柄与有柄小穗狭披针形，黄绿色或带紫色；两颖近等长；第一外稃等长或稍短于颖，具1~3脉；第二外稃披针形，稍短或等长于颖；第二内稃长圆形，长约为其外稃之半；柱头紫黑色。颖果，长圆形，长约3mm。

花果期　8~12月。

分　布　广西各地。河南、陕西、浙江、江西、湖北、湖南、福建、台湾、广东、海南、贵州、四川、云南也有分布。

繁殖方法　种子繁殖、分株繁殖、压杆繁殖。

入药部位　花、根。

功　效　花：止血；根：活血通经，通窍利水。

狗尾草

禾本科Poaceae　狗尾草属*Setaria*

Setaria viridis (L.) P. Beauv.

识别特征　一年生草本。须根，高大植株具支持根。单叶互生，叶鞘松弛，边缘具较长的密绵毛状纤毛；叶舌极短，缘有纤毛；叶片长三角状狭披针形或线状披针形，先端长渐尖或渐尖，基部钝圆形，几呈截状或渐窄，长4~30cm，宽2~18mm，边缘粗糙。圆锥花序紧密呈圆柱状或基部稍疏离；小穗2~5个簇生于主轴上或更多的小穗着生在短小枝上，椭圆形，铅绿色；第一外稃与小穗等长，具5~7脉；第二外稃椭圆形；花柱基分离。颖果。

花果期　5~10月。

分　布　桂北。全国各地均有分布。

繁殖方法　种子繁殖。

入药部位　全草。

功　效　清热利湿，祛风明目，解毒杀虫。

粽叶芦

禾本科Poaceae　　粽叶芦属*Thysanolaena*

Thysanolaena latifolia (Roxb. ex Hornem) Honda

识别特征　多年生草本。秆直立粗壮，具白色髓部，不分枝。单叶互生，叶鞘无毛；叶舌截平；叶片披针形，长20~50cm，宽3~8cm，具横脉，先端渐尖，基部心形，具柄。圆锥花序大型，分枝多，斜向上升；小穗柄具关节；第一花仅具外稃，约等长于小穗；第二外稃卵形，背部圆，具3脉，先端具小尖头；内稃膜质，较短小；花药褐色。颖果，长圆形，长约0.5mm。

花果期　春、夏、秋季。

分　　布　桂东、桂西、桂南、桂中。台湾、广东、贵州也有分布。

繁殖方法　种子繁殖、分株繁殖。

入药部位　根。

功　　效　清热截疟，止咳平喘。

参考文献

邓家刚，2015. 桂本草 [M]. 北京：北京科学技术出版社.

杜同仿，黄兆胜，2011. 中国中草药图典 [M]. 广州：广东科技出版社.

傅立国，1999—2012. 中国高等植物 [M]. 青岛：青岛出版社.

覃海宁，刘演，2010. 广西植物名录 [M]. 北京：科学出版社.

中国科学院植物研究所，2016. 中国高等植物彩色图鉴 [M]. 北京：科学出版社.

中国科学院中国植物志编辑委员会，1959-2004. 中国植物志 [M]. 北京：科学出版社.

朱华，戴忠华，2017—2019. 中国壮药图鉴 [M]. 南宁：广西科学技术出版社.

Flora of China Editorial Committee, 1988—2013. Flora of China [M]. Beijing: Science Press.

中文名索引

学名索引

R

S

T

U

V

W

X

Y

Z